Norbert Hochheimer
Das kleine QM-Lexikon

Norbert Hochheimer

Das kleine QM-Lexikon

999 Begriffe des Qualitätsmanagements
aus GLP, GCP, GMP und ISO 9000

Norbert Hochheimer
Eichkopfallee 113
65835 Liederbach

■ Das vorliegende Werk wurde sogfältig erarbeitet. Dennoch
übernehmen Autor und Verlag für die Richtigkeit von Angaben, Hinweisen und Ratschlägen sowie für eventuelle Druck-
fehler keine Haftung.

Die Deutsche Bibliothek – CIP Einheitsaufnahme
Ein Titeldatensatz für diese Publikation ist bei
Der Deutschen Bibliothek erhältlich.

© 2002 WILEY-VCH Verlag GmbH, Weinheim, Germany

Gedruckt auf säurefreiem Papier.

Satz Hagedorn Kommunikation, Viernheim
Umschlaggestaltung design & produktion GmbH, Heidelberg

ISBN 978-3-527-30621-3

Vorwort

In der Forschung und Entwicklung, aber auch in der Produktion, ja in fast allen Bereichen eines Unternehmens, wird das Geschehen durch die verschiedensten Qualitäts-Regelwerke beeinflusst und diktiert.

Ziel dieses kleinen Werkes ist es daher, die dabei verwendete spezielle Nomenklatur der Begriffe und ihre Bedeutungsnuancen hervorzuheben, um sie dann besser zu verstehen.

Als Basis wurde dabei vor allem GLP ausgewählt, aber auch die anderen Regularien, wie zum Beispiel GCP, GCPV, GMP und DIN ISO 9000 ff. wurden (mindestens teilweise) berücksichtigt.

Das Buch erhebt keinen Anspruch auf Vollständigkeit. Vielmehr ist es der Anfang einer Sammlung, bei der jeder interessierte Leser aufgefordert ist, seine Anregungen und Ergänzungen einfließen zu lassen.

Liederbach, Februar 2002   Norbert Hochheimer

A

AA   Abkürzung für → Arbeitsanweisungen.

AADA   [FDA] Abkürzung für „Abbreviated Antibiotic Drug Application"
Beschränkung der Anwendung von Antibiotika, wird gewöhnlich für
Generika verwendet.

Abgleichen   → Justierung

Ablesbarkeit   Kleinste unterscheidbare Differenz zweier Anzeigewerte.

Abnahme   [GMP] Übernahme eines Systems vom Lieferanten in den
Verantwortungsbereich des Kunden, Auftraggebers bzw. Betreibers
(technische Abnahme, Endabnahme). Nicht zu verwechseln mit der
→ Werksabnahme (→ FAT).

Abridged Applications   Verkürzte Anträge bei der Arzneimittelzulassung, gegenüber
Vollanträgen (full applications).

Abschlussbericht   engl.: → Final Report, → Final Study Report; → Prüfbericht
[GCP/GLP] Die GLP-Grundsätze schreiben vor, dass ein
Abschlussbericht für jede Prüfung erstellt und vom → Prüfleiter
datiert und unterschrieben werden muss.
Es können mehrere Originalexemplare eines Abschlussberichtes
angefertigt und zeitgleich datiert unterschrieben werden. In diesem
Fall müssen die Exemplare identisch und einzeln identifizierbar sein
(z. B. Nummer 1 von drei Originalexemplaren).
Der Abschlussbericht muss mindestens folgende Angaben
enthalten:
– Bezeichnung der Prüfung, der Prüf- und Referenzgegenstände,
– Angaben über die → Prüfeinrichtung,
– Termine,
– Erklärung der Qualitätssicherung,

– Beschreibung der Materialien und Prüfmethoden,
– Ergebnisse und
– Aufbewahrungsort aller Muster, Proben und → Rohdaten.

Abweichung

1. [Messtechnik] Differenz zwischen dem von einem Messgerät angezeigten, ungenauen Messwert einer physikalischen der technischen Größe und ihrem tatsächlichen Wert (Abweichung der Anzeige), aber auch die Differenz zwischen dem momentanen oder gemessenen Wert einer solchen Größe und einem Bezugswert. Abweichungen der Anzeige treten auf als *systematische Abweichung*, die unter gleichen Umständen stets gleich groß und korrigierbar ist und *zufällige Abweichung*, die unter gleichen Umständen zufällig verschieden ist. Sie kann nicht korrigiert werden und muss mit statistischen Methoden berechnet werden.
Die Auswirkungen von derartigen Abweichungen auf Messergebnisse wird mit der Fehlerberechnung ermittelt. Als *Maß-Abweichung* bezeichnet man die Differenz zwischen dem tatsächlichen und dem gewünschten Maß eines Werkstücks.
Maximal erlaubte Abweichung bei Waagen (*goldene Regel*): 0,2 %

| *Beispiel:* | Kleinste Einwaage | 200 mg |
| | Max. erlaubte Abweichung | 0,4 mg (bei 200 mg) |

2. [GMP] Nichteinhalten oder nicht als → Standardverfahren genehmigte Ergänzung von Vorgaben betreffend der Organisation, der → Betriebsmittel, der Verfahren und der → Dokumentation zur → Herstellung, → Kontrolle oder behördlichen Zulassung von → Arzneimitteln. Gegenüber → Änderungen sind sie kurzzeitig begrenzt.

Abweichungserlaubnis

[GMP] Schriftliche → Genehmigung einer geplanten → Abweichung von einer geregelten Sache (Tätigkeit, Verfahren, Material, Organisation usw.).

ACE

Abkürzung für „Adverse Clinical Event"; ungünstige klinische Ereignisse (einer klinischen Prüfung).

ACP

Abkürzung für „Associates in Clinical Pharmacology"; 1997 umbenannt in → ACRP.

ACRA

[FDA] Abkürzung für „Associate Commissioner for Regulatory Affairs".

ACRP

Abkürzung für „Association of Clinical Research Professional" (früher: „Associates in Clinical Pharmacology" → ACP).

ACT Abkürzung für das Magazin „Applied Clinical Trials".

Action letter = Aktionsbrief (engl.)
Eine offizielle Mitteilung der → FDA an den → NDA Sponsor zur
Ankündigung von Tätigkeitsentscheidungen.

Action point = Handlungs-, Aktionspunkt (engl.)

Activities = Aktivitäten (engl.)
Andere Bezeichnung für „Phases of study"; Teile der Prüfung.

Addendum = Anlage, Anhang (engl.)
Veraltete Bezeichnung für Zusatz, Nachtrag, Beilage, Ergänzung
oder Supplement. Zusätzlicher Bestandteil, z. B. Anlage zum
→ Prüfplan, Bericht oder einer → SOP.
Auch als *Appendix* (Anhang) oder *Enclosed* (Anlage) bezeichnet.

Addition Bezeichnung für → Ergänzung(en), z. B. beim → Report.

ADE Abkürzung für „Adverse Drug Event„ (Adverse Drug Effect);
ungünstige Arzneimittelereignisse (in klinischen Prüfungen).

ADI-Wert Abkürzung für „Acceptable Daily Intake".
Von der WHO festgelegte Höchstmenge eines Stoffes (in mg/kg
Körpergewicht), die ein Tier oder Mensch fortdauernd aufnehmen
kann, ohne dass eine schädigende Wirkung feststellbar ist.

ADME Abkürzung für „Adsorption" (Aufnahme), „Distribution"
(Verteilung), „Metabolismus" (Abbau) und „Exkretion"
(Ausscheidung); dient der Beschreibung pharmakokinetischer
Prozesse.

Admission criteria = Zulassungskriterien (engl.)
Grundlage zur Auswahl von Zielpopulationen für → Klinische
Prüfungen.

Adobe® Portable Document Format Abkürzung: PDF; zur Übermittlung elektronischer
Zulassungsunterlagen vorgeschlagener Standard.

ADR Abkürzung für → Adverse Drug Reaction.

Adverse Drug Reaction Abkürzung: → ADR; adverse reaction (engl.); „ungünstige"
Nebenwirkungen von Arzneimitteln, Arzneimittelschäden.

Adverse Event

= unerwünschtes Ereignis (engl.), → UE
[GCP] (jede unerwartete, präparatbedingte) Nebenwirkung.

AE

Abkürzung für → Adverse Event (Adverse Experiment).

Änderung

[GMP] Dauerhafte Veränderung oder Ergänzung von Vorgaben betreffend der Organisation, der Betriebsmittel, der Verfahren zur Herstellung oder Kontrolle oder der Dokumentation zur Herstellung, Kontrolle oder der behördlichen Zulassung von Arzneimitteln.

Änderungen, die eine Neuzulassung eines Arzneimittels erfordern

Dies betrifft:
– Änderungen am → Wirkstoff,
– Änderungen der Indikation,
– Änderungen der Dosis, der → Darreichungsform und der Art der Anwendung sowie
– spezifische Änderungen an Tierarzneimitteln, die an Lebensmitteltieren angewendet werden.

Änderungskontrolle

engl.: → Change Control
Formelles und dokumentiertes Prozedere zur → Rückverfolgbarkeit, Nachvollziehbarkeit und Reproduzierbarkeit von Änderungen. Hierbei werden geplante oder durchgeführte Änderungen (ungeplante Änderungen) auf die Sicherheit und Qualität eines Produktes oder Verfahrens geprüft und Maßnahmen gesetzt, welche einen validierten Zustand hinsichtlich Produktqualität gewährleisten. Die Prüfungen, Maßnahmen und Ergebnisse werden dokumentiert.

AG

[GLP] Abkürzung für „Arbeitsgruppe" des → BLAC aus Vertretern des BLAC, der Industrie und Inspektoren, z. B. AG „Archivierung und Aufbewahrung von Aufzeichnungen und Materialien".

Agenda

= was getan werden soll (lat.)
Merkbuch, Terminkalender, Liste von Gesprächspunkten; schriftlich festgehaltene Tagesordnung mit chronologischer Aufzählung der Tagesordnungspunkte (→ TOP) eines Treffens, meist Bestandteil der Einladung.

Aides memoires

= unterstützende, helfende Erinnerungen (engl.)
→ Checklisten

AK

Abkürzung für „Arbeitskreis" des → BLAC; z. B. AK → GLP und andere → Qualitätssicherungssysteme. Diese Bund/Länder-Ausschüsse werden bei Bedarf unter Leitung der Länder einberufen.

Akkreditiertes Prüflaboratorium

Prüflaboratorium, dem eine Akkreditierung gewährt wurde.

Akkreditierung

= beglaubigen (franz.); engl.: accreditation
Verfahren, in dem eine maßgebliche Stelle formell anerkennt, dass eine Stelle oder Person kompetent ist, bestimmte Aufgaben auszuführen. Wichtige deutsche *Akkreditierungsstellen* im rechtlich nicht geregelten Bereich sind z. B.:
DAP = Deutsches Akkreditierungssystem Prüfsystem GmbH (Berlin),
DACH = Deutsche Akkreditierungsstelle Chemie GmbH (Frankfurt/Main) und
AKS Hannover (für lebensmitteluntersuchende Laboratorien).
1. [GMP] Verfahren, durch das eine befugte Stelle einer Organisation oder Person nach Bestimmung der entsprechenden Kompetenz die Befugnis erteilt, als Prüf-, Überwachungs- oder → Zertifizierungsstelle bestimmte Tätigkeiten auszuführen. Die Akkreditierung ist ein Verfahren der behördlichen bzw. behördlich geregelten Befugniserteilung. Prüflaboratorien, Zertifizierungs- und Inspektionsstellen werden (nach einer Erstzulassung) regelmäßig von Dritten nach öffentlich bekannt gegebenen technischen Kriterien auf ihre fachliche Kompetenz hin geprüft und bewertet.
2. Im Gegensatz zur → Zertifizierung erfolgt die Akkreditierung nicht nur per → Audit sondern auch in Verbindung eines → Assessments.
Mittels spezifischer Merkmale wird bei der Akkreditierung die Qualität der erbrachten Leistungen durch einen strukturierten *Qualitätsbericht* (→ Assessment Report) bewertet. Um zu verhindern, dass das Ergebnis der Akkreditierung durch einen unstimmigen Qualitätsbericht verfälscht wird, wird das Assessment durch ein Audit ergänzt, in dem Teile des Qualitätsberichtes auf ihre Übereinstimmung mit der Realität überprüft werden (→ Konformitätsprüfung). Man spricht von einer → Visitation.

Akkreditierungskriterien

Anforderungen, die von einer Akkreditierungsstelle verwendet werden und von einem Bereich zu erfüllen sind, um akkreditiert zu werden.

Akkreditierungsstelle

Dies bezeichnet eine Institution, die ein → Akkreditierungssystem anwendet und verwaltet sowie → Akkreditierungen gewährt.

Akkreditierungssystem

System zur Durchführung von → Akkreditierungen von Bereichen mit eigenen Verfahrensregeln und eigener Verwaltung.

Aktionslimit

(Aktionsgrenzwert)
Die maximal zulässige Abweichungsgrenze (→ Grenzwert), die bei der Überwachung von kontinuierlich betriebenen Systemen oder Anlagen eingesetzt wird. Hierzu gehören z. B. im GMP-Bereich die Wasserqualität, die Raumkeimzahl und -Partikelzahl, Temperaturaufzeichnungen, Dampfqualität oder der pH-Wert während einer Fermentation.
Bei Abweichungen wird zuerst eine Warngrenze (→ Alarmlimit) überschritten und erst bei weiterschreiten der → Abweichung das Aktionslimit. Dieses Überschreiten bedingt eine Ursachenergründung, die Prüfung der Einwirkung auf die Qualität potenziell betroffener Produktchargen sowie das Einleiten von Korrektur- und Vorbeugemaßnahmen.

Akzeptanzkriterium

[GMP] Kriterium zur Annahme bzw. Zurückweisung eines Produktes, eines Systems, eines Prozesses oder einer Tätigkeit.

Alarmlimit

[GMP] Erste Abweichungsgrenze (Warngrenze), bei deren Überschreitung die Ursache ergründet wird und, sofern es der Fall erfordert, Korrekturmaßnahmen eingeleitet werden sollen.

aliquot

= einige, etliche, ein paar (lat.); mathematisch: „ohne Rest teilend"
Ein Teil als definierte Fraktion eines Ganzen. Aliquoter Teil in der analytischen Chemie: Bezeichnung für den zu analysierenden Teil einer Gesamtmenge.

Alleinfutter

Futtermittel, die ohne weitere Zufütterung von z. B. Grünfutter, Heu, Milch etc. eine ausreichende, gesunde Ernährung der Tiere gewährleisten (*Standardfutter*).

Amendment

= Berichtigung, Besserung, Änderung (engl.)
→ Nachtrag, Sammelbegriff für → Korrekturen (→ Corrections) und Ergänzungen (→ Additions).
[GLP] Zusatz, ergänzender oder anhängender Artikel (bei Gesetzen der USA): z. B. → Prüfplanänderung oder Abschlussberichtsänderung. Die Prüfplan-Berichtigung beinhaltet eine beabsichtigte Veränderung des → Prüfplans nach dem Beginn der Prüfung.

Analysenstoff   Physikalischer, chemischer oder biologischer Stoff, bestehend aus einem Anteil oder mehreren Komponenten, der durch einen Test (labortechnische Analyse) zur Bestimmung definierter Eigenschaften, Aspekte, seiner Zusammensetzung oder des Gehalts an Komponenten untersucht wird.

Analysenzertifikat   engl.: analytical certificate
Dokument, das sich spezifisch auf die Ergebnisse von Prüfungen einer repräsentativen Probe bezieht, die aus dem zu liefernden Material entnommen wird. Es beinhaltet tatsächliche Prüfergebnisse. Es enthält die chargenbezogenen Analysenwerte einer chemischen Substanz. Sofern absolute Zahlenwerte vorliegen, werden diese angegeben; wenn der Gehalt an Verunreinigungen unter der → Nachweisgrenze der Bestimmung liegt, ist eine solche Angabe − methodenbedingt − nicht möglich. Einzelheiten sollten zwischen dem Kunden und dem Lieferanten vereinbart werden. Analysenzertifikate sind auf Anforderung erhältlich, sofern sie nicht − wie z. B. bei → Referenzmaterialien und Standards − der Packung beiliegen.

Analyt   Eine Substanz, die analysiert werden soll.
In der Chromatografie die Einzelkomponente (compound) einer Mixtur.

ANDA   Abkürzung für „Abbreviated New Drug Applikation".
[FDA] Verkürztes Zulassungsverfahren für „neue" Arzneimittel bei der amerikanischen Arzneimittelbehörde (vor allem für Generika).

Andon   Japanischer Begriff für ein Hilfsmittel zur Informationsweiterleitung bei auftretenden Problemen, z. B. optisches Fertigungsinformationssystem, welches über die Lichtzeichen einer Anzeigentafel auf das Auftreten von (Maschinen)-Fehlern hinweist. Entstammt aus dem „Toyota Productions System" (TPS).

Anforderung   → Forderung

Angabe   Umfasst Informationen bzw. Daten.

Animal arrival   = Tiereingang(sdatum) (engl.)
Der Tiereingang (und die gesundheitliche Überprüfung) sind zu dokumentieren (Tiereingangsschein, Tier-Datenblatt, Wiegeprotokolle, Impfbescheinigungen, etc.). Bei Rindern und Einhufern müssen in der BRD individuelle Pässe vorliegen (Rinderpass, Equidenpass), die mit dem Tier vor Ort mitgeführt werden müssen.

Animal Facility
= Tierhaltung(sräume) (engl.)
Beschreibung (und Forderungen) über die Unterbringung der (Versuchs)tiere.

Animal going out
= Tierausgang(sdatum) (engl.)
Analog dem Tiereingang ist auch der Tierausgang (z. B. Tierausgangsschein) zu dokumentieren, d. h., auch wenn das Tier nicht mehr lebt. Bei Lebendverkauf bzw. Schlachtkörpervermarktung sind die entsprechenden Wartezeiten der eingesetzten Präparate zu beachten. Eine Freigabe (Unbedenklichkeitserklärung) durch den → Prüfleiter muss vorliegen.

Animal Patient Records
= Tiergesundheitsdaten (engl.)
[GCP/CVM] Schriftliche Dokumente über die Gesundheitsuntersuchung der → Versuchstiere, die vom Halter gesammelt bzw. durch den veterinärmedizinischen Gesundheitsdienst erstellt wurden.

Annual Product Review
[GMP] = jährliche Produkt(ions)-Überprüfung (engl.)

Anweisung
→ Arbeitsanweisung, → AA
Der Delegierende legt mit ihr schriftlich und für seine Mitarbeiter eindeutig und widerspruchsfrei fest, welche Aufgaben, Kompetenzen und Verantwortung sie besitzen.

Anwender
Akzeptanz Test
engl.: user acceptance testing
Testreihe, in der verschiedene Anwender eine neue bzw. veränderte Software hinsichtlich der Erfüllbarkeit der gestellten → Anforderungen und funktionellen → Spezifikationen am Ende der Entwicklungsphase vor der Inbetriebnahme testen.

Anzuwendende gesetzliche Anforderung(en)
Jedes Gesetz und jede Verordnung der jeweiligen Behörde, welche die Durchführung klinischer und nichtklinischer Studien betrifft, bei denen Produkte untersucht werden.

API
[GMP] Abkürzung für „Active Pharmaceutical Ingredient".

Apparatus
= Gerät, Apparat, Vorrichtung, Anlage (engl.);
vom lat.: apparatus = Zubereitung, Einrichtung.
Apparat oder Werkzeug, aus zahlreichen Bau- und Funktionselementen zusammengesetztes technisches Gerät, das bestimmten Zwecken dient, z. B. Rasierapparat. Die *Apparatur* bezeichnet die Gesamtheit von zusammengehörigen Apparaten (technische Ausrüstung).

Applicable Regulatory Requirement(s)
= geltende gesetzliche Bestimmungen (engl.)
[GCP] Umfasst alle geltenden Gesetze und Bestimmungen zur Durchführung von → Klinischen Prüfungen mit Prüfpräparaten.

Applikation
engl.: application = Auftragen, Anwendung, Verwendung, Gebrauch; vom lat.: applicare.
1. In der Medizin betrifft dies die Anwendung (Verabreichung, Behandlung) und Verordnung von Heilmitteln und Heilverfahren. Die wichtigsten Angaben bei der Behandlung des Prüfsystems mit dem → Prüf- oder → Referenzgegenstand sind:
– Präparat (Name, Charge, Konzentration),
– Dosis (Menge, Häufigkeit),
– Applikationsart und -ort,
– Datum (Tag, Uhrzeit),
– durchführende (behandelnde) Person(en) und
– Prüfsystem (Tier).
2. Zulassungsantrag

Applikationsform
→ Darreichungsform

Applikationsqualifizierung
→ Performance Qualification

Approvable letter
= Genehmigungsschreiben (engl.)
Eine offizielle Mitteilung der → FDA an den → NDA Sponsor, dass kleine Entscheidungen auflistet, die vor der Genehmigung gefällt werden müssen.

Approval
= anerkennen (engl.)
Die Bestätigung der → IRB, dass die → Klinische Studie überprüft und gemäß den entsprechenden Richtlinien durchgeführt wurde.

Approval Letter
= Bestätigungsschreiben (engl.)
[FDA] Eine offizielle Mitteilung der amerikanischen Arzneimittelbehörde an den → NDA Sponsor zur Information über die Entscheidung, das Produkt kommerziell vermarkten zu dürfen.

Approval Sheet
= Genehmigungsblatt (engl.)
[GCP] Dokumente, in denen bestimmte Genehmigungen durch Unterschrift und Datum erteilt sind.

Beispiel: protocol and report approval document.

Arbeitsanweisungen

1. [GLP] Standardarbeitsanweisungen (→ SOPs)
DIN ISO 9000 ff.: Abkürzung: → AA; beschreiben teils
organisatorische, teils technische, jedoch abteilungs- bzw.
arbeitsplatzspezifische Maßnahmen/Abläufe. Das „wie" wird hier
noch konkreter beschrieben als in den → Verfahrensanweisungen
(→ VA).
2. Arbeitsanweisungen werden dort eingesetzt, wo es für bestimmte
Tätigkeiten nötig erscheint, dem Personal detaillierte
Handlungsanweisungen zu geben, die über die im → QM-
Handbuch und in den Verfahrensanweisungen gemachten
Aussagen und Regelungen hinausgehen. Sie gehören zu den
drei Dokumentationsebenen eines QM-Systems. Zu den
Arbeitsanweisungen gehören z. B. Analysemethoden, Anweisungen
für die Probennahme, für die → Kalibrierung von Geräten, für die
Reinigung von Arbeitsplätzen und vieles mehr. Es muss beachtet
werden, dass einige Akkreditierungs- und Zulassungsstellen das
Vorhandensein von bestimmten Arbeitsanweisungen explizit
fordern.
3. [GMP] Eine detaillierte Vorschrift zur Durchführung einer
produktbezogenen bzw. prozessbezogenen Tätigkeit.
Arbeitsanweisungen enthalten Details wie Materialien, Geräte, die
Methoden der Durchführung sowie Methoden der Datenbearbeitung
und Ergebnisaufarbeitung (→ Herstellvorschrift,
→ Verarbeitungsanweisung, → Verpackungsanweisung,
→ Verfahrensbeschreibung, → SOP).

Arbeitsbereich

engl.: → Range
Der Arbeitsbereich eines Gerätes richtet sich nach dem
praxisbezogenen Anwendungsziel. Er soll einen größeren Bereich
weitgehend abdecken. Die Mitte sollte etwa gleich der häufigst zu
erwartenden Probenkonzentration sein. Er kann nur im Rahmen der
technisch realisierbaren Möglichkeiten liegen und ergibt sich aus
der → Linearität, → Richtigkeit und → Präzision.

Arbeitskontinutät

engl.: business continuity
Sicherung der Kontinuität der Arbeitsabläufe in einem
Unternehmen im Falle von Störfällen (z. B. Stromausfall, Ausfall von
EDV-Systemen).

Arbeitsnorm

Ein üblicherweise durch den Vergleich mit einer Bezugsnorm
kalibrierte Norm, die zur → Kalibrierung oder Verifizierung von
Messausrüstungen oder bereits angewandten Messungen dient. In
Laboratorien und messtechnischen Abteilungen sollten nur
Referenz- und Arbeitsnormen Anwendung finden.

Arbeitsraum

[GMP] Raum, in dem Produkte hergestellt, in Verkehr gebracht oder kontrolliert werden.

Archiv

engl.: archive; vom grch. archeïon = Regierungsgebäude, Amtsgebäude; lat.: archivum = Akten-, Urkundensammlung
1. Das Archiv ist eine Einrichtung, die der systematischen Erfassung, Ordnung, Verwahrung, Betreuung und Erschließung von Schrift-, Bild- und Tongut (Archivalien) staatlicher Dienststellen, anderer Institutionen (Verbände, Unternehmen) oder Einzelpersonen dient. Die Betreuung erfolgt durch so genannte Archivare.
2. [GLP] Ein abgeschlossener Raum oder ein abgegrenzter und abgeschlossener Bereich in einem Raum (z. B. Schrank), in dem archivierungspflichtige GLP-Unterlagen oder Materialien sicher und geordnet aufbewahrt werden. Ein Archiv kann in mehreren Räumen oder Gebäuden mit unterschiedlicher Ausstattung untergebracht sein.
Der Inspektor hat zu überprüfen:
– die Einrichtungen im Archiv zur Aufbewahrung der Prüfpläne,
– Rohdaten, → Abschlussberichte, Proben und Muster und
– ob Aufzeichnungen und Materialien die erforderliche oder angemessene Zeit aufbewahrt und vor Verlust oder Beschädigung durch Feuer, ungünstige Umwelteinflüsse usw. geschützt sind.

Archivierung

Bezeichnet den Vorgang, die geordnete Ablage und Aufbewahrung von Unterlagen an einem dafür vorgesehenen Aufbewahrungsort nach Abschluss der Unterlagenverwendung vorzunehmen.

Archivierungsfrist

Die Bestimmung der Archivierungsfristen ist Sache der einzelnen Länder. Die Archivierungsdauer beträgt für GLP-Papierunterlagen in der BRD *15 Jahre* (Anhang 1 ChemG vom Mai 1997). Muster und Proben sind solange aufzubewahren, wie deren Qualität bei der Aufbewahrung nach dem Stand von Wissenschaft und Technik eine Auswertung zulässt, jedoch nicht länger als 15 Jahre.
[GCP] Die Fristen unterliegen der Verantwortung der lokalen Behörden (in der Regel *10 Jahre*).

Archivierung von Filmmaterial

Optimale Lagerungsbedingungen für Filmmaterial sind:
– dunkel,
– chemisch neutral,
– Relative Luftfeuchtigkeit unter 50 %
  (ideal: 25 – 30 % RF)
  (ausreichend: 40 % RF)
– Temperatur ca. 20 °C.

Archivpflichtige Proben

Die Aufbewahrung von GLP-Proben soll die Überprüfung von Befunden ermöglichen.

Beispiele:

Probenart	Untersuchung	Mindestauf-bewahrungsdauer
Gefrierschnitte	Histopathologie	2 Jahre
Nassmaterial (fixierte Proben)	Histopathologie	5 Jahre
Parafinblöcke	Histopathologie	12 Jahre
Parafinschnitte	Histopathologie	12 Jahre
Blöcke	Elektronenmikroskopie	12 Jahre
Objektträger	Elektronenmikroskopie	12 Jahre
Elektropherogramme Cellulose-Acetat-	Proteinbestimmung	5 Jahre
Folien	Proteinbestimmung	5 Jahre
Knochenmarkaus- striche	Zellmorphologie	12 Jahre
Blutausstriche	Differenzialblutbild	5 Jahre
Blutausstriche	Reticulozytenzählung Heinz-Körper	2 Jahre
Alizarin-gefärbtes Foetenmaterial	Foetenmorphologie	12 Jahre
Objektträger	Chromosomenmorphologie Autoradiografie Zellmorphologie	12 Jahre

Archivpflichtige Unterlagen und Materialien

Umfasst alle Aufzeichnungen, die auf Grund gesetzlicher Bestimmungen, Regeln der Technik, spezieller behördlicher Auflagen, vertraglicher Vereinbarungen oder auf Grund internen Bedarfs oder Interesses archiviert werden müssen.
[GLP] Hier sind dies z. B.:
– Prüfpläne und Prüfplanänderungen
– Rohdaten
– Laborjournale
– Abschluss-, Teil- und Zwischenberichte
– QSE-Berichte über Inspektionen und Überprüfungen
– Muster von Prüf- und Referenzgegenständen
– Proben
– Gerätebücher und alle Belege über Reinigung, Reparatur, Wartung, Überprüfung usw.
– SOPs mit allen Versionen in chronologischer Reihenfolge
– Aus-, Fort- und Weiterbildungsbelege der MitarbeiterInnen
– Baupläne, Stockwerksgrundrisse etc.
– Visumslisten der Unterschriften und Zeichenkürzel.

Archivverantwortlicher

engl.: archives responsible person, archivist = Archivar (Archivbeamter) Person, die von der Leitung der Prüfeinrichtung für die Führung des → Archivs bestimmt wird. Je nach Größe der Einrichtung können weitere Personen bestimmt werden, an die bestimmte Aufgaben delegiert werden. Der Archivverantwortliche darf kein → Prüfleiter bzw. Leiter der → Prüfeinrichtung und (wenn möglich) nicht Mitglied der → QSE sein.

Arzneibuch

Eine Sammlung gesetzlich geregelter und verbindlicher pharmazeutischer Vorschriften über die Zusammensetzung und die Beschaffenheit, die Aufbewahrung, die Bezeichnung, die Abgabe, sowie die Methoden zur Prüfung der Identität, der Reinheit, des Gehalts und der Wirkung von Arzneimitteln, sowie über die Beschaffenheit der Behältnisse und deren Umhüllungen, als auch über gebräuchliche Verabreichungsdosen. Je nach Staat kann ein Arzneibuch zudem Grundsätze der Herstellung beschreiben. Es gibt nationale Arzneibücher (z. B. Deutsches Arzneibuch, British Pharmacopoeia, → USP) sowie ein EU-weit gültiges Arzneibuch (European Pharmacopoeia).

Arzneibuchmonografie

Basistext für die Qualitätsbeurteilung eines Arzneimittels bei der Zulassung.

Arzneiform

Arzneimittel, die noch unmittelbar vor der Verabreichung (von der → Darreichungsform) in einer Verabreichungsform aufgearbeitet werden, z. B. Lyophilisate vor der Lösung.

Arzneimittel

engl.: → Drug
Umfasst Heilmittel, Medikamente, Pharmaka, Präparate, Arzneien.

Arzneimittelerprobung

engl.: drug testing
Neue Therapien und insbesondere Arzneimittel können nur im Tierversuch soweit entwickelt werden, dass sie ohne nennenswertes Risiko auch an freiwilligen Testpersonen geprüft werden können.

Arzneimittelrisiken

Im Zentrum der Begriffsbestimmung von „Arzneimittelrisiken" stehen → Nebenwirkungen, die beim bestimmungsgemäßen Gebrauch eines Arzneimittels als unerwünschte Begleiterscheinungen auftreten.
Andere Risiken sind:
– Wechselwirkungen mit anderen Mitteln,
– Gegenanzeigen,
– Resistenzbildung,
– Missbrauch, Fehlgebrauch,
– Gewöhnung und Abhängigkeit,

– Mängel der Qualität,
– Mängel der Behältnisse und äußeren Umhüllungen,
– Mängel der Kennzeichnung und → Packungsbeilage,
– Arzneimittelfälschungen und
– nicht ausreichende Wartezeiten.

Arzneimittel-
Vormischungen

Arzneimittel, die dazu bestimmt sind, zur Herstellung von
→ Fütterungsarzneimitteln verwendet zu werden.

Assessment

= ein Einstufungstest, Einschätzung, Beurteilung, Abwägen (engl.);
→ Begutachtung
Freiwillige Selbsteinschätzung als Basis eines Audits
(→ Akkreditierung).

Assessment Report

Betrifft den → Qualitätsreport (→ Akkreditierung) oder
Bewertungsbericht des zentralen Zulassungsverfahrens von
Arzneimitteln.

Assurance

= Versicherung, Zusicherung, Gewissheit, Zuversicht, Sicherheit
(engl.) Erfolgt z. B. im Zusammenhang mit → Quality Assurance
(QA).

Audierter

engl.: auditee
Die auditierte Partei.

Audit

= Rechnungsprüfung, wahrnehmen und analysieren (auf das
menschliche Gehör bezogen) (engl.).
1. Betriebswirtschaftliche Bedeutung: Unternehmensinterne, aber
auch externe Prüfungen der Qualitäts- oder Umweltschutzstrategien
und -systeme im Unternehmen, deren Ergebnisse (→ Audit-Report)
in Gutachten einfließen. Abhängig vom Standpunkt des → Auditors
unterscheidet man *In-house-* und *On-site-*Audits.
2. [GLP/GCP] Eine systematische und unabhängige Überprüfung
der mit der Prüfung in Zusammenhang stehenden Aktivitäten und
Dokumente zur Feststellung, ob die überprüften studienbezogenen
Aktivitäten gemäß → Prüfplan und → SOPs sowie den geltenden
gesetzlichen Bestimmungen durchgeführt wurden und ob die Daten
gemäß den → Anforderungen dokumentiert, ausgewertet und
korrekt berichtet wurden (z. B. Audit of a study).

Audit-Arten

1. [GCP] Je nach dem Gegenstand eines → Audits unterscheidet man:
— *System-Audit*
Unter System wird dabei studienunabhängig die Gesamtheit technischer, organisatorischer und anderer Mittel zur selbstständigen Erfüllung eines Aufgabenkomplexes verstanden

Beispiele: Prüfstellen- oder Prüfinstitut-Audit.

— *Prozess-Audit* (Verfahrens-Audit)
Ein Prozess benennt die Gesamtheit von in Wechselbeziehungen stehenden Abläufen, durch welche Werkstoffe, Energien oder Informationen transportiert oder umgeformt werden. Typische Prozesse sind hierbei die Ablauforganisation der Studie beim Sponsor oder beim → Prüfarzt. Teilprozesse stellen z. B. die Bearbeitung von unerwünschten Ergebnissen oder die Prüfmusterorganisation dar.
— *Produkt-Audit*
Überprüfung der Qualitätsanforderungen von Produkten. Beispiele sind das Prüfplan-Audit oder das → Prüfbogen-Audit.
2. Hinsichtlich der Verwandtschaft von → Auditor und auditierter Organisation unterscheidet man:
— *First Party Audit*: Selbstinspektion.
— *Second Party Audit*: Lieferanten-Audit (→ Supplier Audit) bzw. Audit im Auftrag eines (externen) Kunden.
— *Third Party Audit*: Audit im Auftrag einer unabhängigen (dritten) Partei/Stelle (einer Zertifizierungs- oder Akkreditierungsorganisation); (→ Stelle dritter Seite).
3. Das *horizontale* Audit erfolgt entlang des Probenlaufs, das *vertikale* Audit umfasst die Berichts-Audits.
4. [GMP] Weiter differenziert man zwischen *internen* und *externen Audits, Überwachungs-, Kunden-* und *Lieferanten-Audits.*

Audit-Befund

engl.: audit findings, audit observations
[GCP] Feststellung von Fakten, die während eines → Audits auftraten und dessen begründete objektive Befunde.

Audit-Bereiche für Laboratorien

Es wird unterschieden in:
— Qualitätsstandard (→ GLP, → GCP, → ISO/EN),
— Infrastruktur und Logistik (Probentransport, Räumlichkeiten, Probendokumentation und -lagerung, Mitarbeiter, → SOPs, Datenübertragung, → Archivierung) und
— Kapazität und Leistungsfähigkeit (apparative Ausstattung, interne und externe → Qualitätskontrolle, Wartung der Analysegeräte, Analysemethoden und -validierung).

Audit-Bericht	→ Audit-Report
Auditor	= Zuhörer (lat.); → Inspektor, Assessor; lat.: assessor = Beisitzer, Amtsgehilfe Person, die ein → Audit (→ Inspektion) durchführt.
Audit-Plan	Plan über die spezifischen Aktivitäten und Zeitvorgaben eines einzelnen oder von mehreren → Audits.
Audit-Report	→ Audit-Bericht Ergebnis-Bericht eines → Audits. Die schriftliche Bewertung der Ergebnisse eines Audits durch den → Auditor.
Audit-Team	Personen (Inspektoren), die das → Audit durchführen und den Berichterstellen. Mitglieder des Audit-Teams sollten grundsätzlich keine direkte Verantwortung für die zu prüfenden Stellen, Bereiche oder Tätigkeiten haben.
Audit-Trail	engl.: trail = Pfad, Spur Eine Dokumentation, die es ermöglicht, den Ablauf von Ergebnissen nachzuvollziehen. Eine sichere, mit dem Computer erstellte, zeiterfassende elektronische Aufzeichnung, die es ermöglicht, den Ablauf von Ereignissen hinsichtlich der Erstellung, Modifikation und des Löschens von elektronischen Aufzeichnungen nachzuvollziehen.
Audit-Zertifikat	engl.: audit certificate = Prüfzertifikat Die Bescheinigung des → Auditors, dass ein → Audit stattgefunden hat.
Aufbewahrung	Umschreibt die Verpflichtung, etwas über einen bestimmten Zeitraum aufzuheben (aufzubewahren, zu hüten, zu schützen). So müssen z. B. Geschäfts-Bilanzen sechs Jahre aufbewahrt werden (§§ 44 HGB, 147 AO). Gegenüber der → Archivierung sind hierbei – keine speziellen Vorschriften vorgegeben, – keine besonderen Einrichtungen nötig, – individuell verschiedene Möglichkeiten der Durchführung zugelassen und – keine speziellen Zugriffssicherungen nötig.

Auflage   Vorgabe der Behörde für ein bestimmtes Tun, Dulden oder Unterlassen im Rahmen von behördlichen Entscheidungen, der Aufsichtsdiensttätigkeit von Behörden und Berufsgenossenschaften oder der Feststellung von Mängeln durch Sachverständige.

Auflösung   Trennwirkung
[Messtechnik] Betrifft das Trennen von zeitlich, räumlich, frequenzmäßig, energiemäßig oder auf einen anderen Parameter (z. B. die Masse von Atomen) bezogenen, dicht beieinander liegenden Signalen, sodass sie noch als Einzelergebnisse registriert werden können (die Anzahl individueller Messwerte innerhalb eines Messbereiches).
Messbereich dividiert durch → Ablesbarkeit.

Aufstallung   engl.: housing
Tierartgerechte Unterbringung landwirtschaftlicher Nutztiere in Stallungen.

Auftraggeber   engl.: → Sponsor
[GLP] Eine natürliche oder juristische Person, die eine Prüfung in Auftrag gibt, unterstützt oder einreicht.
[GCP] Person, Unternehmen, Institution oder Organisation, die bzw. das die Verantwortung für die Einleitung, das Management und/ oder die Finanzierung einer klinischen Studie übernimmt.

Auftragsarchiv   [GLP] Ein Auftragsarchiv ist ein eigenständiger Prüfungsstandort, d. h., dieses ist befugt, die Verantwortung für die sichere Aufbewahrung des Archivguts über einen definierten Zeitraum zu übernehmen. Einzelheiten sind in einem Vertrag zu fixieren (Dienstleistungsvereinbarung). Voraussetzung für ein Auftragsarchiv ist die Einhaltung aller zutreffenden Forderungen der GLP-Grundsätze und Konsensdokumente.
Folgende Punkte sollten u. a. von einem Auftragsarchiv umgesetzt und gegebenenfalls in Form von → SOPs geregelt werden:
– Darlegung der Rechtsform des Auftragsarchivs
– Definition der Leitung des Auftragarchivs
– Dokumentation der Verantwortlichkeiten der MitarbeiterInnen
– GLP-Schulung der MitarbeiterInnen
– Interne und/oder externe Qualitätssicherung
– Sichere und adäquate Räumlichkeiten (Einbruch, Feuer, Wasser, Schädlinge usw.)
– Regelungen über Zugangsberechtigungen, zutrittberechtigte Personen, Aufsicht
– Regelungen zu Inspektionen durch verantwortliche Prüfeinrichtung bzw. Überwachungsbehörde

- Behandlung des Archivgutes als Komplettpaket
- Verhinderung von nachträglichen Änderungen, Beschädigungen oder Verlust des Archivgutes während der Aufbewahrungszeit
- Regelungen zur Herausgabe des Archivgutes auf
  → Anforderungen der Behörde bzw. bei Bearbeitung von Rückfragen durch Behörden
- Einsichtnahme des Archivgutes durch die verantwortliche Prüfeinrichtung nur unter Aufsicht des Auftragsarchivs (z. B. zur Kopie einzelner Dokumente)
- Dokumentation aller Vorgänge (Einlagerung, Herausgabe, Einsichtnahme, usw.)
- Verfahren bei Einstellung der Geschäftstätigkeit des Auftragsarchivs
- Rücksprache mit der Überwachungsbehörde bei Geschäftsaufgabe einer verantwortlichen Prüfeinrichtung ohne Rechtsnachfolger, zwecks weiterer Handhabung/Entsorgung von Unterlagen und Materialien

Auftragsinstitut

engl.: → Contract Research Organisation (→ CRO) [GCP] Eine Person oder eine Organisation (Auftragsforschungsinstitut, Hochschulforschungsinstitut oder andere), die der → Sponsor mit der Ausführung einer oder mehrerer der im Zusammenhang mit einer → Klinischen Prüfung anfallenden Aufgaben und Funktionen betreut.

Aufzeichnende Stelle

Organisationseinheit, in deren Zuständigkeitsbereich die Erfassung und systematische Zusammenstellung von Aufzeichnungen fällt.

Aufzeichnungen

Niederschriften zum Nachweis und zur → Rückverfolgbarkeit bzw. Reproduzierbarkeit von Tätigkeiten, Daten oder Informationen.

Ausfall

[Technik] Durch völligen oder teilweisen Verlust der Funktions- und/ oder Arbeitsfähigkeit gekennzeichneter Zustand eines zu Beginn der betriebsmäßigen Beanspruchung als fehlerfrei angesehenen Bauelements, Gerätes u. a. Er tritt bei *Sprungausfällen* plötzlich und vom Zeitpunkt her nicht vorhersehbar auf (z. B. Drahtbruch in einem Kabel).
Bei *Driftausfällen* infolge allmählicher Zustandsänderung (z. B. Abnutzung der Bremsbeläge bei einem Kraftfahrzeug) lässt sich der Ausfallzeitpunkt grundsätzlich voraussagen; hier muss ein → Grenzwert festgelegt werden, bei dessen Überschreitung die Betrachtungseinheit als „ausgefallen" angesehen wird.

Ausfallraten

Hiermit wird der relative Anteil der Ausfälle je Zeiteinheit beziffert. Die Ausfallrate λ wird experimentell ermittelt, indem man eine genügend große Anzahl (N) gleicher Prüflinge unter definierten Umgebungsbedingungen mit Nennbelastung betreibt und die Anzahl n der innerhalb eines bestimmten Beobachtungszeitraumes t ausgefallenen Bauelemente zählt. Sie wird nach der Näherungsformel $\lambda = n/(N \cdot t)$ errechnet und i. a. pro Stunde (h^{-1}) angegeben. Ein typischer Wert für die Ausfallrate bei 50 %-iger Ausfallwahrscheinlichkeit ist z. B. für Si-Halbleiterdioden $\lambda = 5 \cdot 10^{-7}\ h^{-1}$.

Als *Badewannekurven* bezeichnet man die sich beim Auftragen der Ausfallrate über die Zeit ergebende charakteristische Kurve, die eine Aussage über die → Zuverlässigkeit der betrachteten Einheiten erlaubt. Am Anfang nimmt sie von hohen Werten (Frühausfälle auf Grund von Fertigungsmängeln) auf einen niedrigen, durch Zufallausfälle bestimmten zeitlichen Mittelwert ab, den sie lange beibehält. Im Idealfall umfasst dieser Bereich die normale Betriebsdauer. Später steigt sie dann infolge der mit zunehmendem Alter immer häufigeren Spät- oder Verschleißausfälle wieder an.

Ausgangsmaterial

→ Ausgangsstoff

Ausgangsstoff

→ Ausgangsmaterial
[GMP] Jeder Stoff und jede Zubereitung, die zur Herstellung von Produkten eingesetzt werden, ausgenommen Verpackungsmaterial.

Auswertebereich

Dieser betrifft Prüfungen. Der Auswertebereich eines Prüfverfahrens gibt den Abstand zwischen dem oberen und dem unteren Messbereich oder zwischen der oberen und unteren → Bestimmungsgrenze eines Analysestoffs an, für den sich das Prüfverfahren bei Beachtung der angegebenen → Anweisungen im Hinblick auf → Präzision, → Richtigkeit und → Linearität als geeignet erwiesen hat.

Authenticated Copy

[GCP] → True Copy; → Zertifizierte Kopie.

Autor

engl.: author; vom lat.: augere = fördern, vergrößern
Meint hier „Mehrer" oder „Förderer", Urheber, Verfasser
(einer → SOP).

B

BARQA   Abkürzung für „British Association of Research Quality Assurance".
Englische GLP-Qualitätssicherungsgesellschaft mit Sitz der
Geschäftstelle in Ipswich/United Kingdom.

Batch   = Schub, Stoß, Briefe (engl.) → Chargen-Nummer.

Bauartenprüfung   Sie wird an einem oder mehreren Exemplaren eines Gerätes von
einer Prüfstelle durchgeführt und führt zur Vergabe von Güte-
Zeichen (→ VDE, → GS). Sie ist die umfangreichste Prüfung von
→ Betriebsmitteln.

Baumaterial   engl.: building material
Baumaterialien für Versuchstiereinrichtungen sollen in der
unmittelbaren Umgebung der Tiere porenlos, leicht zu reinigen,
sicher zu desinfizieren, widerstandsfähig gegen aggressive
Chemikalien (Desinfektionsmittel) und von geringer Wärmeleitung
sein.

BCE   Abkürzung für „Beneficial Clinical Event"; nützliche klinische
Ereignisse (einer → Klinischen Prüfung).

Beanstandung   engl.: → Objection
[GLP] Bei Inspektionen ermittelte Verstöße gegen diesbezügliche
Bestimmungen.

Beauftragte   Vom Gesetzgeber geforderte fachkundige und nicht
weisungsgebundene Berater, die ein Unternehmer, dessen Tätigkeit
im Hinblick auf das zu schützende Rechtsgut besonders relevant ist,
zu bestellen hat. Die Beauftragten haben insbesondere Kontroll-,
Hinwirkungs- und Beratungsaufgaben wahrzunehmen.

Beauftragte Personen

Qualifizierte Mitarbeiter, die nach schriftlicher Bestellung in Eigenverantwortung bestimmte Tätigkeiten wahrnehmen (z. B. Betriebsleiter).

Bedienungsanleitung

engl.: manual = Handbuch; → Instruction Manual, → Operation Manual
Herstellerangaben zur Bedienung, Pflege, Reparatur und Wartung eines Gerätes usw.

Bedruckte Packmittel

Fehler bei bedruckten Packmitteln sind einer der häufigsten Gründe für Produktrückrufe bei Fertigarzneimitteln. Deshalb fordert auch der EG-GMP-Leitfaden „besondere Vorsicht bei bedruckten Materialien" und „die sichere und geschützte Lagerung von bedrucktem Verpackungsmaterial". Weiterhin sollten „lose Etiketten und andere lose, bedruckte Materialien in separaten geschlossenen Behältnissen aufbewahrt und transportiert werden, um Verwechslungen zu vermeiden."

Befunde

Befundung, Feststellung, Beurteilung
Bezeichnet in der Medizin das Ergebnis einer Untersuchung, z. B. den Röntgen- oder Laborbefund. Der *klinische Befund* bezeichnet die Gesamtheit der Einzelbefunde in einem Krankheitsbild.

Begehung

örtliche → Inspektion
Z. B. *Betriebsbegehung (-besichtigung)* als Maßnahme im Arbeitsschutz zur Überwachung gesundheitsgefährdeter Arbeitsplätze. Dient der Aufdeckung bestehender Mängel und der Entwicklung von Abhilfevorschlägen, die an den Arbeitgeber gerichtet werden. Sie hat regelmäßig und systematisch zu erfolgen.

Beglaubigte Kopie

engl.: → True copy; Kopie, die ein Originaldokument vollständig wiedergibt. Sie trägt oder enthält eine Bestätigung, dass die Kopie vollständig und korrekt ist, unterschrieben und datiert von der Person, die die Kopie erstellt hat.

Begutachter

Person, die Aufgaben der Begutachtung durchführt. Wird auch als → Gutachter bezeichnet.

Begutachter (von Prüflaboratorien)

Person, die einige oder alle Aufgaben zur Begutachtung von Prüflaboratorien wahrnimmt.

Begutachtung

Untersuchung einer Sache (Organisation, System, Verfahren, Tätigkeit, Bedingungen, Material usw.), um in der Beurteilung deren Übereinstimmung mit bestimmten Anforderungen festzustellen.

Begutachtung
(von Prüflaboratorien)

Untersuchung eines Prüflaboratoriums zur Beurteilung seiner Übereinstimmung mit bestimmten Akkreditierungskriterien. Als formaler Begriff der → Akkreditierung von Prüflaboratorien werden weitgehend die englischen Begriffe → Assessment für „Begutachtung" oder → Assessor für „Begutachter" benutzt.

Behörde für die
Überwachung der GLP

Überwachungsbehörde; engl.: → Monitoring Authority; → Überwachung, → Überwachung der Einhaltung der GLP-Grundsätze
In der BRD die Landesbehörde, die für die Überwachung der Einhaltung der → GLP zuständig ist.
Nicht zu verwechseln mit den → Bewertungsbehörden (→ Regulatory Authorities, regulatory agency) auch „Zulassungsbehörden" genannt.

Beipackzettel

Gebrauchsinformation; Abkürzung: GI; → Waschzettel, → Packungsbeilage
Gesetzlich verpflichtete Produktinformation (→ PI), die der Arzneimittelhersteller dem Medikament beifügen muss. Als Grundlage dienen hierfür sowohl das Arzneimittelgesetz (AMG) als auch die EU-Readability-Guideline, die seit 01.01.1999 in Kraft ist. Ersetzt nicht das → Analysenzertifikat.

Belgien

EU-Mitgliedsstaat, der → GLP implementiert hat.
Zum „Ministerium für Soziales, Gesundheit und Entwicklung" gehört die GLP-Überwachungsbehörde „Scientific Institute of Public Health – Louis Pasteur", die für alle chemischen Produkte verantwortlich ist. Die Prüfeinrichtungen im nationalen Überwachungsprogramm bearbeiten ein breites Spektrum an chemischen Produkten: Industriechemikalien, medizinische- und veterinärmedizinische Produkte, Phytopharmazeutika, Futterzusatzstoffe und Kosmetika.
Die Laboratorien werden alle 2-3 Jahre inspiziert. Es gibt keine bilateralen Abkommen. Das GLP-Überwachungsprogramm startete im November 1988.

Bemerkung

engl.: → Remark
Wird angebracht, wenn bei einer Inspektion Unklarheiten oder Unstimmigkeiten ermittelt werden.

Benannte Stellen

Abkürzung: BN; → Konformitätsbewertungsstelle (KBS), → Prüfstelle, → Zertifizierungsstelle, Notified Body (NB)
[GCP] Medizinproduktegesetz: Jene Stellen für die Durchführung von Prüfungen und die Erteilung von Bescheinigungen, die der Kommission der Europäischen Gemeinschaft usw. benannt worden

sind. In der BRD sind dies privat-rechtliche, nichtstaatliche Institutionen, die vom Bundesministerium für Gesundheit benannt (befristet akkreditiert) werden. Sie haften zivilrechtlich für ihre Tätigkeiten.

Beispiele: DEKRA, TÜV, → VDE.

Benennende Behörde

[GMP] Die Stelle, welche die Befugnis zur Benennung oder zur Rücknahme der Benennung, zur Aussetzung oder zum Widerruf der Aussetzung der Benennung, der ihrer Zuständigkeit unterstellten → Konformitätsbewertungsstellen besitzt.

Bericht

engl.: → Report; → Abschlussbericht
Die sachliche und folgerichtige Wiedergabe eines Vorgangs oder einer Handlung in Wort, Bild (oder Film) auf Grund eigener Anschauung oder fremder Zeugnisse.

Beschaffenheit

Die Gesamtheit der Merkmale und Merkmalswerte, die zur betrachteten Einheit selbst gehören (Totality of characteristics and their values; ISO 9000: „nature"). Die Beschaffenheit im Augenblick der Betrachtung der Einheit heißt *Zustand*. Ein Beispiel ist der Prüfzustand. Wenn es bei der Betrachtung der Einheit vor allem auf die gegenseitige Anordnung der Elemente dieser Einheit ankommt, spricht man von der *Konfiguration*. Deren Dokumentation ist Gegenstand des Konfigurationsmanagements.
Beim sog. *Änderungsdienst*, einem Teil des → Qualitätsmanagements, werden die geänderte Einheit und die Dokumentation der Änderung an der Konfiguration unterschieden.

Bescheinigung nach § 19 B

→ GLP-Bescheinigung

Beschreibung

lat.: descriptio
Systematische, geordnete Darstellung von Sachverhalten mit Hilfe von sprachlichen Mitteln, wie z. B. → Gerätebeschreibung.

Besichtigung

engl.: inspection
Ist das bewusste Ansehen (optische Prüfung) des zu untersuchenden Gegenstandes, um den ordnungsgemäßen Zustand festzustellen. Sie stellt einen sehr wichtigen Teil der Prüfung dar, da viele Eigenschaften nicht durch Erproben und Messen festgestellt werden können.

Bestätigung

Willenserklärung, durch die eine nicht vollgültige oder mit Zweifeln behaftete Erklärung Gültigkeit erlangt.

Beispiele:
Teilnahmebestätigung an Seminaren, Bestätigung der Kenntnisnahme einer → SOP, → Empfangsbestätigung.

Bestimmung

Aktivität zur Wertfindung einzelner oder mehrerer Merkmale einer Einheit.

Bestimmungsgrenze

Abkürzung: BG; → Limit of Quantification (→ LOQ)
Das kleinste Messergebnis, welches bei einer Einfachbestimmung mit einer vorgegebenen statistischen Sicherheit von einem Leerwert unterschieden werden kann.

Bestimmungsgrenzen

Kleinste und größte Eingangsgröße (Messbereich), die mit der definierten Messsicherheit (relative Eintrittswahrscheinlichkeit in %) eingehalten werden kann. Untere und obere Bestimmungsgrenze.

Betriebsanweisung

z. B. gemäß Unfallverhütungsvorschrift oder nach § 20 GefStoffV: Der Unternehmer hat eine Betriebsanweisung (*Operating Instruction*) zu erstellen, in der die im Laboratorium auftretenden Gefahren für Mensch und Umwelt beschrieben sowie die allgemein erforderlichen Schutzmaßnahmen und Verhaltensregeln festgelegt sind. Sie sind in verständlicher Form abzufassen und haben im → Labor verfügbar zu sein. (Richtlinien für Laboratorien/Hauptverband der gewerblichen Berufsgenossenschaften).

Betriebsmittel

Allgemeiner Begriff für Bauteile und Geräte, z. B. in den Unfallverhütungsvorschriften. Die Zusammenführung mehrerer Betriebsmittel nennt man → Anlage.
[GMP] Sammelbegriff für Personal- und Sachmittel die zur Herstellung und Kontrolle von Produkten eingesetzt werden. Unter *Sachmittel* fallen Räumlichkeiten, Ausrüstung, Hilfsstoffe und → Reagenzien, Verbrauchsmaterialien, Ausgangsstoffe, Behältnisse und Zubehör, Verpackungsmaterialien und → Zwischenprodukte.

Betriebsqualifizierung

engl.: → Performance Qualification.

Beurteilung

Urteil, vom althd.: urteil(i), eigentlich: „Wahrspruch, den der Richter erteilt."
In der Logik die bejahende oder verneinende Zuordnung eines Subjekts zu einer allgemeinen Bestimmung (Prädikat) nach logischen Gesetzen, sog. Aussage (auf Grund von Erfahrungen).

Bei der klinischen Beurteilung verwendet man für die nicht von der Norm abweichenden (normalen) Befunde folgende Abkürzungen:

o. b. B. = ohne besonderen Befund bzw. die Kurzform

o. B.   = ohne Befund.

Alte Abkürzungen sind „N" (= Normal) und „Ø" oder „−".

Von der → Norm abweichende Befunde werden wie folgt je nach ihrer Stärke klassifiziert:

Ø   = keine Veränderung

(+)   = minimal

+   = gering(gradig), leicht
       (Pathologie: Durchmesser < 5 cm)

++   = mäßig/mittelgradig, deutlich
       (Pathologie: Durchmesser 5 − 10 cm)

+++ = stark/hochgradig, ausgedehnt
       (Pathologie: Durchmesser > als 10 cm)

Bewertungsbehörden

Zulassungsbehörden

Behörden, die für die Prüfungen zuständig sind. Es handelt sich hier um die Bundesanstalt für Arbeitsschutz (BAU) in Dortmund, die biologische Bundesanstalt für Land- und Forstwirtschaft (BBA) in Braunschweig, das Bundesinstitut für gesundheitlichen Verbraucherschutz und Veterinärmedizin (BgVV); früher Bundesgesundheitsamt, BGA, in Berlin, sowie das Umweltbundesamt (UBA) in Berlin.

Ausländische Bewertungsbehörden sind u. a. die „Food and Drug Administration" (→ FDA) und die „Enviromental Protection Agency" (→ EPA) in den USA sowie das „Pharmaceutical Affairs Bureau" in Japan.

Bewertungskriterien

Bewertungstabellen

Hierunter fallen Daten, die auf Grund gesetzlicher Bestimmungen oder wissenschaftlicher Erkenntnisse Vorgaben für die Bewertung darstellen.

Bezugsnormal

PTB-beglaubigtes → Normal, das im Allgemeinen die höchste → Genauigkeit an einem bestimmten Ort, z. B. in einer Firma, einem Laboratorium, Messplatz, verkörpert, von dem an diesem Ort die vorgenommenen Messungen abgeleitet werden.

Bilanzierung

[GMP] Ein Vergleich zwischen der theoretischen und der tatsächlich hergestellten oder verwendeten Produkt- oder Materialmenge unter angemessener Berücksichtigung normaler Schwankungen.

Biologische Prüfsysteme	engl.: test system = → Testsystem [GLP] Darunter fallen Tiere, Pflanzen, Mikroorganismen, Zellen usw.
BLA	Abkürzung für „Biologics License-Application". Ansuchen zur Produktzulassung (ehemals: Product License) und Herstellungsgenehmigung (Betriebsbewilligung, ehemals: Establishment License) für Biologika bei der → FDA.
BLAC-GLP	Abkürzung für den deutschen Arbeitskreis „GLP" des Bund-Länder-Ausschusses Chemikaliensicherheit – eine jährlich in der BRD stattfindende Arbeitstagung der GLP-Zuständigen der Länder, der Bewertungsbehörden und der → GLP-Bundesstelle zwecks Erfahrungsaustausch. Bei solchen Treffen werden auch Auslegungsfragen der Grundsätze besprochen und festgelegt. Solche Festlegungen werden den betroffenen Einrichtungen durch das „GLP-INFO" der GLP-Bundesstelle zur Kenntnis gebracht. Ersetzt seit März 1997 den so genannten → BLAK-GLP.
Black-Box-Test	Test eines Computerprogramms ohne Kenntnis der inneren Struktur (→ Quellcode); von einer zweiten, unabhängigen Person wird Input vs. Output getestet.
BLAK-GLP	Abkürzung für „Bund-Länder-Arbeitskreis-GLP". Früher jährlich stattfindende, deutsche Arbeitstagung der → GLP-Inspektoren zwecks Erfahrungsaustausch.
Blinding	→ Blindversuch, → Masking *single-blinding, double-blinding*
Blind medications	= blinde Verabreichung (engl.) Verabreichung von Arzneimitteln (Medikation), die in Form, Verpackung, Aussehen, Farbe, Geruch usw. identisch sind und somit eine Zuordnung unmöglich machen sollen.
Blind study	= Blindstudie (engl.), → Blindversuch → Single-blind-study → Double-blind-study → Triple-blind-study

Blindversuch [GCP] Blindstudie; engl.: → Masking, → Blinding; → Doppel-
Blindversuch
Versuch, bei dem der Einfluss der Versuchsbedingungen auf das
Versuchsergebnis kontrolliert werden soll, vor allem bei der Prüfung
von Heilmitteln. Um etwaige Suggestionswirkungen feststellen zu
können, werden die für die Untersuchung herangezogenen
Personen – soweit dies vertretbar und möglich ist – im Unklaren
darüber gelassen, ob sie ein Pharmakon oder ein Scheinpräparat
(→ Placebo) erhalten haben.

BLOD Abkürzung für „Below the Limit of Detection"; unter der
→ Nachweisgrenze (→ LOD); manchmal auch mit „BLD" abgekürzt.

BLOQ Abkürzung für „Below the Limit of Quantification"; unter der
Bestimmungsgrenze (→ LOQ); manchmal auch mit „BLQ"
abgekürzt.

Brutto italien.: roh; mit Verpackung, ohne Abzug

Bulkware Bulkprodukt; engl.: bulk = Masse
[GMP] Jeder Stoff und jede Zubereitung aus Stoffen, die lediglich
abgefüllt oder abgepackt werden müssen, um zum Endprodukt zu
werden. Jedes Produkt, das außer der Endverpackung alle
Verarbeitungsstufen durchlaufen hat.
Erntebulk (Bulkernte) ist ein homogener Pool aus Einzelernten oder
Lysaten, die gemeinsam in einem einzigen Herstellungsdurchlauf
verarbeitet werden (Zwischenchargen). Verarbeiteter *Endbulk*
bezeichnet das verarbeitete Produkt, das nach vollendetem
Herstellungsprozess vorliegt und aus der Bulkernte hervorgegangen
ist (Endcharge). *Envrac-Ware* ist die zur Verpackung bereite
Bulkware, wie z. B. Tabletten, Dragees, Kapseln, Suppositorien.

C

CA
Abkürzung für → Competent Authority.

CAP-Akkreditierung
CAP = Abkürzung für „College of American Pathologists".
Sie prüft und belegt die Einhaltung des Qualitätsmanagement-Systems (→ Qualitätssicherung) sowie die Fähigkeit des Labors, die geforderte Qualität zu erbringen. So findet neben kontinuierlichen Reihenuntersuchungen der Laborparameter alle zwei Jahre eine → Inspektion der Laboratorien statt.

CAQ
Abkürzung für → Computer Aided Quality Assurance.

Carry-over effect
Effekte, die nach Beendigung der Behandlung fortbestehen.

Case Record Form
→ Case Report Form (→ CRF)

Case Report Form
= Patienten-Berichts-Formblatt (engl.), Abkürzung: CRF, data capture form, record sheet, → Prüfbogen
[GCP/CVM] Standardisiertes Dokument zur Erfassung der Beobachtungen von präparatbedingten (Neben-)Wirkungen.

Categorical Data
Durch Sortieren von Werten in verschiedene Kategorien ausgewertete Daten.

Causality Assessment
= ursächliche Einschätzung (engl.); mlat.: causalitas = Ursächlichkeit, Kausalität
1. Betrifft das Bestimmungsverhältnis von Ursache und Wirkung. Dabei sind Ursache und Wirkung korrelativ aufeinander bezogen: keine Ursache ohne Wirkung und keine Wirkung ohne Ursache.
2. Bestimmung, ob eine angemessene Wahrscheinlichkeit besteht, dass das Arzneimittel zu → Nebenwirkungen führt.

CCI
Abkürzung für „Committee on Clinical Investigations"; → CCPPRB, → EAB, → EC, → IEC, → IRB, → LREC, → NRB, → REB.

CCPPRB	Abkürzung für „Certifed Clinical Reserach Associate"; → ACRP, certification of monitors.
CCRP	Abkürzung für „Certified Clinical Research Professional"; → SOCRA, certification of coordinators, monitors and other professionals.
CDER	Abkürzung für „Center of Drug Evaluation and Research"; Abteilung der FDA, in der pharmazeutische Produkte behandelt werden.
CDM	Abkürzung für „Clinical Data Management".
CEN	Englische Abkürzung für „Europäisches Komitee für Normung".
CEP	[GMP] Abkürzung für „Certificate of Suitability".
CE-Zeichen	Abkürzung für „Communautés Européennes"; franz.: Europäische Gemeinschaft. EG-Freihandelszeichen zur Kennzeichnung von Erzeugnissen, die den technischen Harmonisierungsrichtlinien der → EU gerecht werden.
CF	Abkürzung für „Consent form".
cGMP	[GMP] Abkürzung für „Current Good Manufacturing Practice"; → Good Manufacturing Practice; GMP-Regeln der USA.
Change Control	engl.: change = Veränderung, Wechsel, Umstellung, Tausch; engl.: control = Kontrolle, Aufsicht, Überwachung; → Änderungskontrolle Vorgabe, wann eine erneute Überprüfung stattfinden soll, z. B. Revision der → SOPs.
Change Control Defizite	= Defizite durch Veränderungskontrolle (engl.)
Charge	franz.: charger = Bürde 1. In der pharmazeutischen Technik die Arzneimittelmenge (Serie von Arzneimitteln), die während eines Arbeitsschrittes und mit den gleichen Rohstoffen (industriell) gefertigt, abgepackt und mit einer *Chargen-Nummer* gekennzeichnet wird. Zwischen einzelnen Chargen bestehen oft Unterschiede in Qualität und Ausführung der Erzeugnisse auf Grund qualitativer Unterschiede bei gleichartigen Rohstoffen oder auf Grund des technischen Ablaufs bei der Fertigung.

2. [GLP] Analog versteht man darunter eine bestimmte Menge oder Partie eines → Prüf- oder → Referenzgegenstandes, die in einem bestimmten Herstellungsgang derart gefertigt wurde, dass einheitliche Eigenschaften zu erwarten sind.

3. Bei einem Chargenverfahren ist dies die Menge eines auf einmal produzierten chemischen Endprodukts. In einem kontinuierlichen oder semi-kontinuierlichen Verfahren ist es nicht möglich, eine → Charge im vorgenannten Sinn zu definieren und deshalb spricht man in diesen Fällen üblicherweise von einem → Los.

Chargenbezeichnung

Abkürzung: Ch.-B.; Chargen-Nummer; identisch mit „Lot. No." oder „Batch No".

Eine vom Hersteller gegebene Kennzeichnung einer → Charge zum Zweck ihrer Identifizierung. Eine charakteristische Kombination von Zahlen und/oder Buchstaben, die eine Charge eindeutig bezeichnet.

Chargendokumentation

Gesamtheit der Protokolle der Herstellung (→ Herstellungsprotokolle) und der Prüfung einer Produktionscharge.

Chargenfertigung

→ Produktion

checken

engl.: check = Kontrolle, Untersuchung
Überprüfen oder kontrollieren anhand von *Prüf-* oder *Kontrolllisten, Checklisten* (checklists), auf denen durch Abhaken die Vollständigkeit oder das Funktionieren überprüft (gecheckt) wird.

ChemG

Abkürzung für „Chemikaliengesetz".

ChemVwW-GLP

Allgemeine Verwaltungsvorschrift zum Verfahren der behördlichen Überwachung der Einhaltung der Grundsätze der guten Laborpraxis vom 15.05.1997.
Wichtigste Instrumentarien der staatlichen Kontrolle sind die Inspektionen der → Prüfeinrichtungen und die retrospektive → Überprüfung von abgeschlossenen Prüfungen.
Die Verwaltungsvorschrift gliedert sich in:
– Begriffsbestimmungen,
– Programm zur Einhaltung der GLP-Grundsätze,
– Überwachungsverfahren der Landesbehörden,
– Durchführung der Überwachung,
– Folgemaßnahmen nach Überwachungen,
– Veröffentlichungsbefugnis und
– Leitlinien für die Durchführung von Inspektionen einer Prüfeinrichtung und die Durchführung von Prüfungen.

CIP [GMP] Abkürzung für „Cleaning In-Place"; Inprozess-Reinigung.

Claim of statement Seit 2001 vorgeschlagene Umbenennung für → Statement of Compliance.

Clinical investigation → Clinical Trial, → Clinical Study, → Klinische Prüfung

Clinical investigation brochure → Investigators brochure (Prüferinformation)

Clinical Research Associate Abkürzung: → CRA
Vom → Sponsor bestimmte oder bei → Contract Research Organization im Namen des Sponsors arbeitende Person, die im Verlauf der Studie den Untersuchenden überwacht. Manche Stellen (besonders akademische) bezeichnen auch den → Clinical Research Coordinator als → CRA.

Clinical Research Coordinator Abkürzung: → CRC; → Trial Coordinator
Person, die sich um die administrativen Verantwortlichkeiten einer → Klinischen Studie kümmert.
Synomyma: Study coordinator, Research coordinator, Clinical coordinator, Research nurse, Protocol nurse.

Clinical Research Organization Abkürzung: → CRO

Clinical Study [GCP] = → Klinische Prüfung (engl.)

Clinical Trial [GCP] = → Klinische Prüfung (engl.)

Clinical trial exemption Abkürzung: → CTX; Befreiung
Schema, das es dem → Sponsor ermöglicht, den Stand des Studienverlaufs jederzeit zu beobachten, um die die Prüfung aufrechterhaltenden Daten beim „Medicines Control Agency" (→ MCA) einreichen zu können. Innerhalb von gewöhnlich 35 Arbeitstagen kann dann die MCA eine Weiterbehandlung billigen oder ablehnen.

Clinical trial materials Die komplette Ausstattung eines Untersuchers durch den → Sponsor.

Clinical Trial (Study) Report Bericht der → Klinischen Prüfung.

CMC — Abkürzung für „Chemistry, Manufacturing and Control"; Chemie, Herstellung und Kontrolle.

CME — [GCP] Abkürzung für „Continuing Medical Education"; fortlaufende medizinische Ausbildung.

CoA — Gilt u. a. als Abkürzung für „Certificate of Analysis", → Analysenzertifikat.

Code Reviews — Unit-Tests, Integrations-Tests, System-Tests
Prüfungen, die im Rahmen der Software-Entwicklung durchgeführt werden. Sie betreffen den → Quellcode (Code Reviews), einzelne Module (Unit-Tests), das Zusammenspiel einzelner Module (Integrations-Tests) bzw. das gesamte System (System-Tests).

Coding — Verschlüsselung, Kodierung
Methode, wonach die in klinischen Prüfungen nachweisbaren Werte verschiedenen Analysenkategorien zugeordnet werden.
Zum Beispiel werden → Nebenwirkungen nach MedDRA codiert.

Cohort — lat.: cohors, cohorts = Hof, eingeschlossener Haufen, Schar, römische Truppeneinheit.
Gruppe von Tätigkeiten, die in regulär vorbestimmten Intervallen (Reihenfolge) durchgeführt werden.

Cohort study — → Prospective Study

Comment — = Kommentar (engl.)
Erfolgt z. B. vom QA-Sachbearbeiter im Rahmen der Rohdatenüberprüfung.

Committee für Proprietary Medicinal Products — Abkürzung: → CPMP; Ausschuss für Arzneispezialitäten der → EMEA.

Committee for Veterinary Medicinal Products — Abkürzung: → CVMP; Ausschuss für Tierarzneimittel der → EMEA.

Common Technical Document — Abkürzung: → CTD
Dokument (Antragsformular) in der präklinischen Forschung zur Beurteilung und Anerkennung durch die Behörden. Seit dem 01. Juli 2001 auf freiwilliger Basis. Ab dem 01.07.2002 wird es jedoch verpflichtend sein.

Von der → ICH existiert z. Z. eine Testversion des elektronischen → CTD (→ eCTD), die eine → Spezifikation und einen DTD Standard (Document Type Definition) enthält.

Co-Monitoring

[GCP] Zur regelmäßigen Überprüfung der Qualität des → Monitorings und des Wissensstandes der Monitore (→ Monitor) werden diese in regelmäßigen Abständen (etwa 1Mal/Jahr) bei ihren Monitoringbesuchen von erfahrenen Vorgesetzten oder Trainern begleitet.

Comparative study

komparativ = vergleichend
Prüfung, bei der das Entwicklungspräparat im Vergleich zu einem anderen Produkt (auch → Placebo) untersucht wird.

Comparator (product)

engl.: comparable = vergleichen
Der Komparator ist eigentlich ein astronomisches Gerät zum Vergleich von Sternfeldern.
Das zu entwickelnde Produkt (active control) oder → Placebo, das als → Referenzstandard in einer → Klinischen Prüfung eingesetzt wird (Vergleichsware).

Competent Authority

Abkürzung: → CA
Regelnde Person, die die nationalen Zulassungsvorschriften kennt.

Compliance

Maß der Einhaltung von → Anforderungen, in Bezug auf Prüfungen (engl.: compliance in relation to trails).
Betrifft die Einhaltung sämtlicher prüfungsbezogener Anforderungen sowie der geltenden gesetzlichen Bestimmungen.

Computer Aided Quality Assurance

Abkürzung: CAQ
EDV-unterstützte Planung und Durchführung von qualitätsbezogenen Maßnahmen im Unternehmen.

Computer-Validierung

Die → Validierung umfasst alle Stadien von der Planung, Systemspezifikation über Implementierung, → Testphase, Installation, Betreuung des fertigen Produktes (Maintenance, → Maintenance Qualification), bis zum Ende seiner Verwendung (→ Disposal). Sie ist ein regelmäßig wiederkehrender Prozess.
Die vier verschiedenen Zielkategorien sind die System-Kontrolle, System-Reliabilität (lückenlose Dokumentationskette aller erstellten → Anforderungen), Datenintegrität (Code Reviews, Uni-Tests, Integration-Tests, System-Tests) und zusätzliche Qualitätsmerkmale (z. B. lückenloser → Audit-Trail und automatisches Log innerhalb des Betriebssystems bei auftretenden Fehlerfunktionen).

Concurrent Validation   → Gleichzeitige Validierung

Conduct of study   = Durchführen der Prüfung (engl.); → In life audit
Überprüfung der experimentellen Durchführung einer → Prüfung
durch die → QSE (Phase 2).

Confidentiality   = Vertraulichkeit (engl.)

Conformity Assessment   lat.: conformare = (passend) gestalten, regeln
Konformität = Übereinstimmung (mit der Einstellung anderer),
gegenseitige Anpassung ; gleichartige Handlungs- und
Reaktionsweise
– Vertrauliche Einschätzung,
– Prozesse zur Einschätzung der → Compliance.
– Notified Body

Consensus Workshop   Umfassen die von 1990-1994 von der → OECD eingeladenen
Arbeitskreise, in denen strittige Punkte diskutiert und
Übereinstimmungen (*consensus*) bezüglich der Auslegung und
Interpretation erreicht werden sollten. Die Ergebnisse wurden in so
genannten → Konsensdokumenten zusammengefasst. 1998-1999
wurden diese Dokumente vom GLP-Panel durchgesehen und an die
neugefassten GLP-Grundsätze angepasst. Alle revidierten Papiere
wurden vom Umweltbüro der OECD als Monografien in der
Schriftenreihe „Enviromental Health and Saftey publications"
veröffentlicht.

Consent form   Abkürzung: → CF; lat.: consensus = Übereinstimmung,
Zustimmung
Die Übereinstimmung in bestimmten Grundüberzeugungen und
Einsichten.
Während des „Consent process" angelegte Dokumente, die die
Basis für die Erklärung von potenziellen Risiken und Erfolgen einer
Studie sind, die aber auch die Rechte und Verantwortlichkeiten
beinhalten.

Consumer Safety Officer   [FDA] Mitarbeiter, der die Überprüfungsprozesse von verschiedenen
→ Applikationen koordiniert.

Contract   Kontrakt, lat.: contractus = Vertrag.

Contract Research Organization	= Auftrags(forschungs)institut (engl.), Abkürzung: → CRO Eine Person oder eine Organisation (→ Auftragsinstitut, Hochschulinstitut oder andere), die mit der Ausführung einer oder mehrerer der im Zusammenhang mit einer Prüfung anfallenden Aufgaben und Funktionen beauftragt sind.
Contributing Scientist	engl.: contribute = beitragen, beisteuern, einbringen Verantwortlicher Wissenschaftler, der Teile einer → Prüfung betreut und durchführt (auch *Contributing Specialist*).
Control group	Kontrollgruppe, die nicht oder mit dem Standard bzw. → Placebo behandelt wurde.
Control Product	= Kontroll-Produkt (engl.) [GCP] Referenzprodukt (auch → Placebo).
Coordinating Center	Hauptsitz einer Multi-Site-Prüfung (→ Multi-Site Study), die alle Studiendaten sammelt.
Coordinating Committee	Vom → Sponsor gebildetes Gremium zur Koordination einer → Multi-Site Study.
Coordinating Investigator	Ein Untersucher, der die Verantwortung über die Koordination der anderen Untersucher an örtlich verschiedenen Teilstudien einer Multi-Site-Prüfung hat.
Co-Rapporteur	= Mitberichterstatter (franz.); → Rapporteur.
Correction	= Korrektur (engl.) Korrekturmaßnahme, die durchzuführen ist (z. B. nach Überprüfung durch die → QSE).
CPMP	Abkürzung für „Comittee for Proprietary Medicinal Products"; Ausschuss für Arzneispezialitäten der → EMEA.
CQ	Abkürzung für „Construction Qualification". Qualifizierungsmerkmal von Geräten; umfasst die Produktion und den abschließenden Test.
CRA	Abkürzung für → Clinical Research Associate.

Crash/Disaster	Recovery (Plan) Maßnahmen, die durchgeführt werden, um Störfälle an einem Computersystem bis zum völligen Zusammenbruch zu beheben und den weiteren Betrieb zu ermöglichen (Plan, wie die Daten wiederhergestellt werden können).
CRB	[GCP] Abkürzung für „Case Record Book".
CRC	Abkürzung für → Clinical Research Coordinator; auch → CCRC, → SC, → SSC.
CRF	Abkürzung für → Case Report Form.
Critical Variable Study	Untersuchung, die der Bestimmung und Messung → kritischer Parameter dient, um deren Überwachung und Bedienung anhand von im Voraus festgelegter Grenzen zu gewährleisten.
CRO	Abkürzung für → „Contract Research Organisation"; früher auch „Clinical Research Organisation". Abkürzung für → Auftrags(forschungs)institut; auch → IPRO.
Cross-over-Design	→ Change-over Design Wechsel von Behandlungs- und Kontrollgruppen nach einer entsprechenden Auswaschphase.
CSR	Abkürzung für „Clinical Study Report".
CSU	Abkürzung für „Clinical Supply Unit"; klinische Versorgungseinheit.
CT	Abkürzung für „Clinical Trial".
CTC	Abkürzung für „Clinical Trial Certificate" (in Großbritannien).
CTD	Abkürzung für → Common Technical Document. Wissenschaftliche Begleitunterlagen zu Zulassungsanträgen.
CTM	Abkürzung für „Clinical Trials Materials".
CTQ	Abkürzung für „Critical-To-Quality-Characteristic". Eine wesentliche Kundenanforderungen und Teil vom Business Excellence.
CTX	Abkürzung für → Clinical trial exemption.
CV	Abkürzung für „Curriculum Vitae"; Lebenslauf.

CVM

[FDA] Abkürzung für das → Center for Veterinary Medicine. Veröffentlichte u. a. Richtlinien zur Zulassung von neuen Tierarzneimitteln in den USA.

CVMP

Abkürzung für „Committee of Veterinary Medicinals Products". Ausschuss für Tierarzneimittel bei der Europäischen Zulassungs-agentur für die Beurteilung von Arzneimitteln in London (→ EMEA) und für die wissenschaftliche Prüfung der Zulassungsanträge von Tierarzneimitteln einschließlich der MRL-Festsetzung. Es setzt sich aus je zwei Sachverständigen der Mitgliedsstaaten zusammen und entscheidet mit einfacher Mehrheit.

D

d

Alte Abkürzung für → Digit; engl.: digit = Finger(breite);
→ Teilungswert.
[Messtechnik] Ziffer, Stelle; Kleinster ablesbarer Gewichtswert
(→ Ablesbarkeit). Wert in Maßeinheiten der Differenz zwischen
zwei aufeinander folgenden Anzeigewerten.

Dämpfung

[Messtechnik] Vorrichtung an Messgeräten mit beweglichen Teilen
zur Verringerung der von diesen beim Einstellen auf den Messwert
ausgeführten Schwingungen.
Mechanische Dämpfung z. B. durch Luft oder Flüssigkeiten in
speziellen Dämpferkammern.
I. w. S. zum Beispiel auch das Eintauchen von Temperatur-
Messfühlern in schlecht leitenden Flüssigkeiten (Glyzerin), um
Einflüsse durch Öffnen der Tür bei Kühleinrichtungen zu
unterdrücken.

Dänemark

EU-Mitgliedsstaat, der → GLP implementiert hat.
Zu dem Ministerium für Gesundheit und dem Ministerium
für Handel und Industrie gehören folgende GLP-
Überwachungsbehörden:
„Danish Medicines Agency" (Laegemiddelstyrelsen) betreut
medizinische und veterinärmedizinische Produkte; „Danish Agency
for Trade and Industry" (DANAK; Erhvervsfremme Styyrelsen) ist
für Pflanzenschutzmittel, Biozide und Futterzusatzstoffe zuständig.
Beide Behörden führen alle 2-3 Jahre Inspektionen durch. Es gibt
keine bilateralen Abkommen. Das GLP-Überwachungsprogramm
besteht seit dem 01.03.1989. GLP-Inspektionen für Chemikalien gibt
es jedoch schon seit 1981.

Darreichungsform

Applikationsform
Eigentliche Form in der das Arzneimittel für die Abgabe an den
Vertrieb bzw. den Verbraucher hergestellt wird, z. B. Tabletten,
Kapseln, Säfte, Augentropfen, Suppositorien und Parenteralia.

Data Monitoring	Verfahren zur Überprüfung der „Case Report Forms" (→ CRF) auf Vollständigkeit, Inhalt und Richtigkeit.
Data Monitoring Committee	→ Independent Data-Monitoring Committee.
Date	= Datum (engl.) Allgemeine Bezeichnung auch für Daten, z. B. → Rohdaten.
Datenformblätter	Gedruckte, optische, elektronische oder magnetische Dokumente, die speziell für die Dokumentation von im Plan/Protokoll geforderten und anderen Beobachtungen erstellt sind.
Datensicherung	engl.: backup Vollständige oder teilweise Sicherung des Datenbestandes auf einem externen Datenträger; wird zumeist in regelmäßigen Abständen durchgeführt und sollte am besten automatisch erfolgen.
Defekt	[GMP] Eine → Nichtkonformität, die den Wert einer nichtkonformen Einheit für deren beabsichtigten oder ordnungsgemäßen Gebrauch reduziert oder den beabsichtigten oder ordnungsgemäßen Gebrauch behindert.
Delta-Zertifizierung	Neben den Elementen der „alten" ISO 9001 werden hierbei auch die Elemente der neuen Revision geprüft.
Deputy	= Stellvertreter (engl.) [GLP] Die Stellvertreterregelung ist im Gegensatz zu anderen Qualitätsregelwerken nicht ausdrücklich gefordert, sollte aber für die verschieden Funktionen vorliegen (→ Leitung der Prüfeinrichtung, → Prüfleiter, Archiv- und EDV-Verantwortlicher, → Principal Investigator etc.).
Design Qualification	= Designqualifizierung (engl.); Abkürzung: → DQ Prüfung der Entwurfs- und Auslegungsspezifikation eines geplanten Systems; der dokumentierte Nachweis, dass ein System entsprechend seiner → Spezifikation entwickelt worden ist. Als Prüfkriterien gelten Zweckmäßigkeit, Vollständigkeit und → Richtigkeit hinsichtlich eines festgelegten Anforderungskatalogs (→ Lastenheft) spezifischer Qualitätsstandards, z. B. spezifische GMP-Richtlinien und entsprechende Qualitätskriterien. Die Entwurfsspezifikation, welche vom Betreiber in der Form von Prozess- bzw. Betreiberanforderungen verfasst wird, wird als Lastenheft bezeichnet. Die Umsetzung dieser in einer Gerätespezifikation heißt → Pflichtenheft.

Es sollten alle Faktoren, welche die Produktqualität beeinflussen könnten, schon im Rahmen der Designqualifikation evaluiert werden (→ Risikoanalyse).

Design Spezifikation

engl.: design specification
Dokumentation, die beschreibt, wie die von den Benutzern gestellten → Anforderungen an eine Software bei der Software-Entwicklung umgesetzt werden sollen.

Deutschland

EU-Mitgliedsstaat, in dem → GLP implementiert ist.
Dem Bundesministerium für Umwelt, Naturschutz und nukleare Sicherheit unterstehen die GLP-Überwachungsbehörden der einzelnen Ländern. Ihre Arbeit wird koordiniert vom Bundesinstitut für gesundheitlichen Verbraucherschutz und Veterinärmedizin (Federal Institute for Health Protection of Consumers and Veterinary Medicine).
Die überwachten Prüfeinrichtungen untersuchen industrielle Chemikalien, Arzneimittel, Tierarzneimittel, Futterzusatzstoffe, Futtermittel, Pestizide, Kosmetika und Explosionsstoffe.
Die routinemäßigen Inspektionen erfolgen gemäß Vorschrift.
Die Prüfeinrichtungen müssen eine erneute Inspektion mindestens vier Jahre nach der letzten Inspektion beantragen.
Es gibt vier bilaterale Abkommen (Memoranda of Understanding) mit den USA, Japan, Österreich und der Schweiz.
Das GLP-Überwachungsprogramm startete am 01.08.1990.

Deviation

= → Abweichung, Abwendung (engl.), von Ablenkung der Magnetnadel.
Eine *Prüfplan-Abweichung* bedeutet eine nicht beabsichtigte Abwendung vom → Prüfplan nach dem Beginn der Prüfung.

DGGF

Abkürzung für „Deutsche Gesellschaft für Gute Forschungspraxis e. V".
„Deutsche GLP-Qualitätssicherungsgesellschaft" mit Geschäftsstelle in Berlin. Gegründet am 29. Juni 1995 in Frankfurt-Höchst.
Ziele:
– Förderung des wissenschaftlichen Informations- und Meinungsaustauschs,
– Förderung der zweckspezifischen Aus- und Fortbildung und
– Kooperation mit nationalen und internationalen Organisationen, mit dem Ziel der angemessenen Vertretung in nationalen und internationalen Gremien.

Digit

Abkürzung: → d
Identisch mit einem Teilstrich der entsprechenden Waagenskala.
Früher wurde dieser so genannte → Teilungswert im Rahmen der
Überprüfung von Waagen zur Protokollierung der Linearität
(Angabe der → Toleranzen) verwendet.

Beispiel:

Waage	Mettler PM 4800
Höchstlast:	4100 g
Anzahl der Skalenteile:	41000
Teilungswert d =	0,1 g

DIN

Abkürzung für „Deutsches Institut für Normung".

Direct Access

→ Klinische Prüfung
Genehmigung zur Überprüfung, Analyse, Verifizierung und
Reproduktion von Datenblättern und Berichten zur Evaluierung
einer klinischen Prüfung.

Disposal

= Anordnung, Verfügung (engl.)
[GCP] *Disposal of Investigational Veterinary Products*: Bestimmungen
über den Verbleib der eingesetzten Prüfware während und nach der
Studie; *Disposal of Study Animals*: Bestimmungen über den Verbleib
der → Versuchstiere während und nach der Studie.

Distributor

= Verteiler (engl.)
Verteilt z. B. → Prüfplan und Bericht. Der Verteiler von Prüfplan
und → Prüfplanänderungen muss identisch sein.

DKD

Abkürzung für „Deutscher Kalibrierdienst".
Ein z. B. nach ISO 9000 ff. zertifizierter Betrieb verpflichtet sich im
Rahmen der → Prüfmittelüberwachung seines
Qualitätsmanagement-Systems, alle seine → Messmittel periodisch
auf Richtigkeit nachzuprüfen oder nachprüfen zu lassen. Die
Prüfung ist zu dokumentieren. Dieser Service wird von dem
akkreditierten DKD-Labor für Waagen und Gewichte übernommen.
Das *DKD-Zertifikat* bestätigt die Richtigkeit einer Waage und stellt
sicher, dass in der Waagenprüfung alle relevanten Messgrößen
einschließlich der → Messunsicherheit berücksichtigt worden sind.
Es ist international gültig.

DMF

Abkürzung für → Drug Master File.

DMS

Abkürzung für → Dokumenten-Management-System.

Dokument

Bezeichnet allgemein ein Medium, das Informationen enthält. Papierbasierte oder elektronische Zusammenfassung von Informationen, z. B. Briefe, Beschreibungen, Handbücher, Zeichnungen, Protokolle, Multimedia-Dateien usw.

Dokumentation

engl.: documentation; lat.: documentum = Urkunde, Schriftstück, Beweis
1. Die Dokumentation ist die Zusammenstellung, Ordnung und Nutzbarmachung von Dokumenten und Materialien jeder Art.
Sie ist die für Fachinformationen wesentliche Tätigkeit, die das systematische Sammeln und Auswählen, das formale Erfassen, inhaltliche Auswerten und Speichern von Dokumenten umfasst, um sie zum Zweck der gezielten Information rasch und treffsicher auffinden zu können.
2. [GMP] Schriftlich niedergelegte Qualitätssicherung: System von Vorschriften und Protokollen (*Aufzeichnungen, Berichte*). Es gilt: Was nicht dokumentiert ist, wurde auch nicht gemacht. Eine wichtige Aufgabe kommt ihr bei der Recherche infolge Reklamationen oder bei → Audits zu. Voraussetzung neben der ordnungsgemäß geführten Dokumentation ist dabei die übersichtliche Gestaltung und eindeutige Bezeichnung der Unterlagen (→ Good Documentation Practice).

**Dokumentations-
beauftragter**

[GMP] Die Dokumentation spielt eine herausragende Rolle in GMP-regulierten Bereichen. Häufig wird versucht, den GMP-Anforderungen durch eine Papierflut zu begegnen. Aufgabe des Dokumentationsbeauftragten ist es, den → Anforderungen auch mit weniger und schlanker designten Papieren zu begegnen. Je nach Art unterscheidet man:
– für die Produktion relevante Dokumente (→ Herstellvorschriften, Verarbeitungs- und → Verpackungsanweisungen, Protokolle der Chargenfertigung bzw. -verpackung, Inprozesskontroll- und Validierungsdokumente),
–SOP-Erstellung und -Verwaltung, für die Arzneimittelherstellung relevante Dokumente zu Änderungen, → Abweichungen (Change und Deviation Control),
– Personalschulung, Zulassung, Betriebshygiene, Selbstinspektion, Logbücher und Jahresberichte und
– die spezifischen Anforderungen an die Dokumente der → Qualitätskontrolle (Prüfanweisungen, Analysevorschriften, Spezifikation, Chargenfreigabe, Probennahme, → Kalibrierung von Analysengeräten, → Validierung analytischer Methoden, → Referenzsubstanzen und → OOS-Resultate).

Dokumenten-Management Management des gesamten Lebenszyklus von Dokumenten. Dieser beinhaltet u. a. ihre Erfassung, Bearbeitung, Aufbereitung, Verteilung, Suche, Druck, Speicherung, → Archivierung und Überwachung.

Dokumenten-Management-System Abkürzung: → DMS; Informationssystem zur Unterstützung des → Dokumenten-Managements.

Das Spektrum von DMS reicht von reinen Archivierungssystemen bis hin zu integrierten Systemen mit eigenen Suchmaschinen, Workflow- und Groupware-Komponenten. Da Dokumente einen großen Teil des für ein Unternehmen relevanten Business Contents ausmachen, stellen DMS wichtige Quellsysteme für den in einem Enterprise Information Portal darzustellenden Content dar.

Doppel-Blindversuch Versuch, bei dem auch der Untersuchungsleiter über die verabreichten Präparate (→ Pharmakon, → Placebo) nicht informiert ist (double-blind).

Dosage Regimen Dosierungsplan, Behandlungsplan
Enthält Angaben über die Anzahl der Dosen pro Behandlungszeitraum, die Zeit zwischen den Behandlungen, den Zeitpunkt der → Applikation; die Applikationsart und die Menge (Anzahl, Dosis) pro Verabreichung.

Dosis = Gabe (grch.)
Zugemessene (Arznei)gabe, kleine Menge, u. a. die auf Anordnung des Arztes verabreichte (applizierte) zugeführte Menge eines Arzneimittels. Man unterscheidet z. B. die *Einzel-Dosis* (auf einmal aufzunehmende Dosis) und die *Tages-Dosis* (im Verlauf eines Tages aufzunehmende Dosis).

Double-blind Study → Doppel-Blindversuch

DQ Abkürzung für → Design Qualification.
Qualifizierungsmerkmal von Geräten; umfasst die Festlegung der Anforderungen und die Prüfung verschiedener Angebote (Definition der Eigenschaften).

Draft = → Entwurf (engl.)
Entwurf vom → Prüfplan oder → Abschlussbericht, der noch nicht finalisiert ist.

Drift

[Messtechnik] Langsame Änderung (*Abdrift*) der Ausgangsgrößen oder der Abstimmung eines Gerätes (metrologische Merkmale) bei konstanter Eingangsgröße. Ursachen dieser unerwünschten Drift sind u. a. Temperatureinflüsse, Veränderungen der Luftfeuchtigkeit und Alterung der Materialien von Bauteilen, vor allem Messfühler.

Drug

= Droge, Arznei(mittel), Medikament, Rauschgift (engl.)
Benennt den Prüfgegenstand (in der → Klinischen Prüfung).

Drug Master File

Abkürzung: → DMF; auf europäischer Ebene → EDMF
Stammdatei für einen Wirkstoff.
Bei Zulassungsverfahren, bei denen der Hersteller des → Wirkstoffs nicht identisch mit dem Antragsteller ist, besteht die Qualitätsdokumentation aus *Antragsteller-* und *Herstellerteil*, das vom Hersteller zum Schutz wertvollen Know-hows direkt bei der Behörde vorgelegt wird.

Drug Monitoring

Beobachtungsstudien
Untersuchungen, die ein pharmazeutischer Unternehmer veranlasst, um Erkenntnisse bei der Anwendung eines zugelassenen Arzneimittels zu sammeln. Es handelt sich dabei um keine → Klinische Studien.

DTC

Abkürzung für „Direct-to-Consumer" (drug advertising).
Werbung für Arzneimittel.

DTD

Abkürzung für „Document Type Definition".
Bezeichnung des (elektronischen) Dokumententyps.

E

e Abkürzung für → Eichwert.

E₂ Genaueste Prüfgewichte für hochauflösende Analysenwaagen (Toleranz I).

EA Abkürzung für „European Cooperation for Accreditation"; früher WECC bzw. EAL. Regelt die internationale gegenseitige Anerkennung von DKD-Zertifikaten.

EAB Abkürzung für „Ethical Advisory Board"; auch → CCI, → CCPPRB, → EC, → IEC, → IRB, → LREC, → MREC, → NRB, → REB.

EC Abkürzung für → Ethics Committee; auch → CCI, → CCPPRB, → EAB, → IEC, → IRB, → LREC, → NRB, → REB.

eCTD Abkürzung für elektronisches → Common Technical Document Zurzeit besteht es aus fünf Modulen:

I Regionale und administrative Daten, die dem „normalen" → CTD aufgesetzt werden

IIA Übersicht über die pharmazeutischen nichtklinischen und klinischen Daten

IIB Nichtklinische Zusammenfassungen (B1 schriftlich, B2 tabellarisch)

IIC Klinische Zusammenfassungen (C1 schriftlich. C2 tabellarisch)

II Qualitätsunterlagen

IV nichtklinische Daten, Studienberichte usw.

V Klinische Daten und Studienberichte

Editor = Herausgeber, Schriftleiter (engl.)
Diejenige Person, die z. B. hinsichtlich der EDV Eingaberechte hat.

EDMF   Abkürzung für → Drug Master File, European; Europäische
                        Arzneimittelstammdatei.

Effectiveness   = Wirksamkeit (z. B. bezogen auf eine Leistung) (engl.)
                        Steht für Effektivität, effektive Wirkung und Leistungsfähigkeit.

Efficacy   = Effekt (engl.); vom lat.: efficere = hervorbringen, bewirken
                        Hier ist die Wirksamkeit auf die Wirkung eines Arzneimittels
                        bezogen.

EFQM   Abkürzung für „European Foundation for Quality Management".
                        Sie entwickelte Bewertungsmodelle, die auf der Basis verschiedener
                        Befähigungs- und Ergebniskriterien eine Selbstbewertung durch
                        eine Objektivierung über externe → Assessoren vorsieht. Das von
                        der EFQM vergebene → Zertifikat gilt für einen Zeitraum von zwei
                        Jahren.

EG-Empfehlung   → Recommendation, → Notices to Applicants;
                        Notes for Guidance, Guideline, Guide.

EG-Entscheidung   engl.: decision
                        Einzelfallentscheidung

EG GMP Leitfaden   [GMP] Detaillierter Leitfaden der Europäischen Gemeinschaft,
                        welcher die Grundsätze der Guten Herstellungspraxis näher erklärt
                        und gestaltet. Diese Grundsätze und die ausführlichen Leitlinien
                        gelten für alle Tätigkeiten, die gemäß Artikel 16 der Richtlinie
                        75/319/EWG einer Herstellungsgenehmigung bedürfen.

EG-Richtlinie   Directive, sekundäres Europarecht

EG-Verordnung   Regulation, sekundäres Europarecht

Eichfähig   Eine Waage ist eichfähig, wenn sie in ihrer Bauart und Auflösung
                        den amtlichen Vorschriften entspricht und somit geeicht werden
                        könnte.

Eichfehlergrenzen für Gewichtsstücke der Fehlergrenzen E₂ bis M₁

Die Eichfehlergrenzen der konventionellen Wägewerte betragen:

Nennwert	Klasse E_2 (mg)	Klasse F_1 (mg)	Klasse F_2 (mg)	Klasse M_1 (mg)
1 mg	0,006	0,020	0,06	0,20
2 mg	0,006	0,020	0,06	0,20
5 mg	0,006	0,020	0,06	0,20
10 mg	0,008	0,025	0,08	0,025
20 mg	0,010	0,030	0,10	0,30
50 mg	0,012	0,040	0,12	0,40
100 mg	0,015	0,050	0,15	0,50
200 mg	0,020	0,060	0,20	0,60
500 mg	0,025	0,080	0,25	0,80
1 g	0,030	0,10	0,3	1,0
2 g	0,040	0,12	0,4	1,2
5 g	0,050	0,15	0,5	1,5
10 g	0,060	0,20	0,6	2,0
20 g	0,080	0,25	0,8	2,5
50 g	0,100	0,30	1,0	3,0
100 g	0,150	0,50	1,5	5
200 g	0,300	1,00	3,0	10
500 g	0,750	2,50	7,5	25
1 kg	1,5	5	15	50
2 kg	3,5	10	30	100
5 kg	7,5	25	75	250
10 kg	15	50	150	500
20 kg	30	100	300	1000
50 kg	75	250	750	2500

Eichkosten

Gebühr, die bei der → Eichung anfällt. Sie wird zusätzlich zum Gerätepreis erhoben.

Eichnormal

lat.: normalis = nach dem Winkelmaß gemacht.
Ein geeichtes Gewichtsstück (*Eichgewicht*) hoher Präzision.
Man bezeichnet es auch als → Normal, Standard oder → Etalon (franz.).
Die *Genauigkeitsklassen* der Gewichtsstücke sind eine Zusammenfassung von Gewichtsstücken in Klassen nach in Richtlinien festgelegten → Fehlergrenzen, entsprechend der deutschen Eichordnung, Anlage 8, bzw. der internationalen Richtlinien, und zwar mit wachsender → Genauigkeit.
Man unterscheidet:
a. Handelsgewichte
b. Gewichtsstücke der mittleren Fehlergrenzenklasse einschließlich Präzisionsgewichte und Karatgewichte
c. Gewichtsstücke in den Fehlergrenzenklassen (→ OIML) M_1, F_2, F_1, E_2 und E_1

Die Gewichtsstücke der Klasse F_1 werden auch als *Feingewichte*, die Gewichtsstücke der Klasse M_1 als *Präzisionsgewichte* bezeichnet. Das Gewichtsstück ist ein Metallkörper, der beim Wiegen mit einer Waage als Vergleichsmasse aufgebracht (*Wägestück*) oder zum Ausgleich der Kraftwirkungen als *Gegengewicht* eingesetzt wird. Die Massen eines aus mehreren Wägestücken bestehenden Gewichtssatzes sind wie 1×10^n, 2×10^n und 5×10^n gestaffelt (n ganzzahlig).
Die größeren Wägestücke sind mehr oder weniger hohe Kreiszylinder oder Kegelstümpfe (z. T. mit Knopf zum Anheben), die kleineren „Feingewichte" haben meist die Form drei- oder mehreckiger Plättchen oder (als *Reitergewichte* bezeichnet) winkelig gebogener Drahtstücke.

Eichung

lat.: aequus = gleich
1. Das vollzogene Eichen eines Messgerätes nach den gesetzlichen Eichvorschriften (Eichgesetz, Eichordnung); Eichprüfung mit Eichkennzeichnung ($\rightarrow$ Hauptstempel).
2. Eine vom behördlichen Messamt oder von dessen beauftragter Organisation durchgeführte $\rightarrow$ Kalibrierung mittels nationaler oder internationaler $\rightarrow$ Referenzstandards.
3. Im weitesten Sinne (I. w. S.): Im Sprachgebrauch der Technik vielfach über das amtliche Eichen hinaus fälschlich im Sinne von $\rightarrow$ Justieren und/oder $\rightarrow$ Kalibrieren verwendet.
4. Im engeren Sinne (I. e. S.): Verfahren zur Richtighaltung der Messgeräte auf der Grundlage des Eichgesetzes vom 11.07.1969. Eichpflicht besteht für alle Messgeräte, die für Geschäftsverkehr bedeutend sind (Eichordnung vom 15.01.1975).
Das Eichen umfasst die von der zuständigen Eichbehörde nach den Eichvorschriften vorzunehmenden Prüfungen und die Stempelung. (Ab 1993 auch durch Hersteller mit anerkanntem QS-System möglich). Oberste Behörde in der BRD ist die Physikalisch-Technische Bundesanstalt ($\rightarrow$ PTB) in Braunschweig, in $\rightarrow$ Österreich das Bundesamt für Eich- und Vermessungswesen in Wien.
Eichen ist nicht zu verwechseln mit Kalibrierung oder $\rightarrow$ Justierung!

Eichwert

Abkürzung: $\rightarrow$ e
Wert in Masseneinheiten, der zur Erstellung und zur $\rightarrow$ Eichung einer Waage benutzt wird.
Zifferschritt der Gewichtsanzeige, der durch die Eichung als richtig bestätigt wurde (Eichwert kann gleich Ziffernwert sein).
Maß für die Eich-Toleranz liegt je nach Waage meist zwischen 1 und 10 d.

Eignungsprüfung
(eines Prüflaboratoriums)

Bestimmung der Leistungsfähigkeit eines Prüflaboratoriums mittels → Vergleichsprüfungen.

Eingangskontrolle

[GMP] Prüfung der Ausgangsstoffe und Verbrauchsmaterialien auf ihre Identität und ihre Eignung zum Einsatz in der Herstellung oder Kontrolle.

Eingreifgrenze

Kriterium der → Prüfmittelüberwachung,
z. B. bei Waagen ca. 2/3tel der zulässigen → Abweichung
(0,3 mg bei 200 mg).

Eingriffe

engl.: experimental procedures
Im Sinne des deutschen Tierschutzgesetzes (1986) sind Eingriffe beim Nutz- und Haustier solche Maßnahmen, die physiologische Abläufe oder anatomische Gegebenheiten auf Zeit oder dauernd verändern und besondere Auflagen erfordern. Im Tierversuch wird zwischen *operativen* und *nicht-operativen* Eingriffen unterschieden. Die durchführenden Personen benötigen Ausnahmegenehmigungen.

Einheit

[GMP] Begrenzbare und definierbare Sache oder System, an dem eine Messung oder eine Beobachtung durchgeführt werden kann. Auch *Standardmessgröße* bzw. *Dimension*.

Einschwingzeit

Dauer einer Gewichtserfassung.
Zur Anpassung an die Umgebungsbedingungen werden bei Waagen Erschütterungen ausgefiltert, indem man die Zahl der waageninternen Messzyklen erhöht, d. h. die Integrationszeit verlängert. Zusätzliche Sicherheit gewinnt man über die Stillstandskontrolle, die verhindert, dass ein Messwert zu früh abgelesen oder ausgedruckt wird. Meist sind mehrere Filterstufen einstellbar.

Einstellwert

Ein möglicher Wert, auf den man einen Parameter einstellen kann.

Einstreu

engl.: bedding
Materialien wie Holzprodukte, Torf oder Mineralien, die innerhalb von geschlossenen Käfigen, Boxen oder Zwingern oder unter Käfigen mit Drahtböden oder gelochten Böden in Kotwannen zur Aufnahme von Kot und Urin der (Versuchs)tiere dienen. Sie sollen saugfähig, sterilisierbar, geruchsbindend und staubfrei sein sowie keinen Einfluss auf den Tierversuch und das Versuchsergebnis haben (z. B. durch Kontamination mit Imprägnierungsmitteln oder Pestiziden). Der Wechsel der Einstreu erfolgt in Abhängigkeit von Tierart und Belegungsdichte 1-2 x wöchentlich.

Einverständniserklärung nach Aufklärung

Dokumentiertes Verfahren, bei dem der Tierbesitzer oder sein Vertreter freiwillig die Bereitschaft des Tierbesitzers bestätigt, seinem(n) Tier(en) die Teilnahme an einer einzelnen Studie (→ GCPV) zu erlauben, nach dem er über alle Aspekte der Studie, die für die Entscheidung zur Teilnahme Bedeutung haben, informiert wurde.

Einweisung

engl.: installation, assignment, instruction, briefing
Unterrichtung, Belehrung, z. B. dokumentierte Geräte-Schulung oder GLP-Einweisung neuer Mitarbeiter.

Einzelfutter

engl.: single diet
Bestandteil von Mischfuttern, oft als Rohstoff bezeichnet.
Die Einzelfutter werden entsprechend den jeweiligen Rezepturen zu Diäten zusammengemischt.

ELA

Abkürzung für „Establishment License Application".
[GMP] Ansuchen an die → FDA um eine Betriebsgenehmigung zur Herstellung von Arzneimitteln.

EMEA

Abkürzung für „European Medicines Evaluation Agency".
Europäische Zulassungsagentur mit Sitz in London. Sie ist zuständig für die administrative Prüfung und Koordination von Zulassungsverfahren von Arzneimitteln (einschließlich Tierarzneimitteln) auf der Ebene der EU (Zentrale Zulassungsverfahren, MRL-Verfahren).
Aufgaben:
– Koordinierung der Bewertung von Arzneimitteln
– Dossier Management
– Sekretariat des → CPMP/ → CVMP
– Abwicklung des zentralen Verfahrens
– Schiedsverfahren (dezentral)
– Koordinierung von Aktivitäten der Mitgliedsstaaten bei → GMP, → GLP und → GCP
– Koordinierung nationaler Überwachungssysteme des Arzneimittelverkehrs
– Einrichtung einer pharmazeutischen Datenbank

EMEA-Inspektionen

Im Rahmen der zentralen GMP-Überwachung in Europa unterscheidet man zwischen:
– Pre-Authorisation Inspections,
– Post-Authorisation Inspections,
– Koordination der EU-Interessen bei den → MRAs und
– Koordination bei Harmonisierungen weltweit (z. B. ICH-Guide).

1. Bei den Pre-Authorisation Inspektionen wird die Übereinstimmung der Zulassungsangabe mit der Situation bei der Herstellung vor Ort überprüft (nicht zu verwechseln mit der Pre-Approval Inspektion der → FDA!).
2. Die so genannte Ad hoc Inspection Group (GMP Advisory Group) besteht aus EU-Inspektoren und Vertretern der EG-Kommission sowie die EDQM und Beobachtern der Schweiz. Sie treffen sich vier Mal im Jahr zur Einführung eines einheitlichen EU-weiten Standards für ein QS-System für GMP-Inspektoren.

Empfangsbestätigung

engl.: receive confirmation, acknowledg(e)ment
Schriftliche Dokumentation über den Erhalt einer Sache, z. B. Probenempfang. Dabei erfolgt ein Abgleich der Angaben des Lieferanten mit denen der Lieferung.

Empfindlichkeit

1. [Messtechnik] Bei einem Messgerät das Verhältnis der Änderung seiner Anzeige zu der sie verursachenden Änderung der Messgröße: Änderung der Ausgangsgröße dividiert durch die korrespondierende Eingangsgröße eines Messgerätes.
2. Fähigkeit des Prüfverfahrens, geringe Konzentrationsschwankungen mit einer definierten Präzision anzugeben.

EMR-Überprüfung von elektrischen Geräten

EMR: Abkürzung für „Elektro-Mess- und Regeltechnik".
Gemäß der Unfallverhütungsvorschrift → VBG 4 müssen elektrische Geräte (→ Betriebsmittel) in bestimmten Abständen überprüft und mit einer (meist runden) selbstklebenden → Prüfplakette (unverlierbare Klebemarke) versehen werden. Das Verfallsjahr ist aus der Farbe (Festlegung der Farbenfolge individuell durch den Durchführer) der Marke und dem Aufdruck erkennbar. Environmental, der Verfallsmonat an dem Ausschnitt am Rande der Marke. Die Prüfmarken werden an Stellen von geringer Abnutzung angebracht.
Bei dieser wiederkehrenden Überprüfung (*Elektrorevision*) werden Schutzleiter-, Isolationswiderstands- und Funktionsprüfungen sowie Ersatz-Ableitstrommessungen durchgeführt.
Prüfpflichtige Betriebsmittel sind spätestens alle *zwei Jahre* einer Untersuchung zu unterziehen. Ausnahmen bilden nicht ortsfeste explosionsgeschützte elektrische Geräte, die spätestens alle sechs Monate zu prüfen sind.

Man unterscheidet nach → Betriebsmitteln:

1. *Nicht ortsfeste* (ortsveränderliche) elektrische Betriebsmittel können nach Art und üblicher Verwendung unter Spannung stehend bewegt werden; sind elektrische Geräte, die bei der Benutzung in der Hand zu halten sind, während sie an den Versorgungsstromkreis ohne Zwischenschaltung eines Transformators angeschlossen sind.

(Die Begriffserklärung gemäß üblicher EMR-Anweisungen lautet: „... solche, die während des Betriebs und beim bestimmungsgemäßen Gebrauch bewegt werden oder leicht von einem Platz zu einem anderen gebracht werden können, während sie an den Versorgungsstromkreis angeschlossen sind, ...“). Als Grenze wird eine Masse von 18 kg angesehen. Hierzu zählen z. B.:

– Analysenmühlen (-mixer),
– Antimagnetisierer,
– Betäubungszangen,
– Bodenreinigungsgeräte (z. B. Staubsauger),
– Diabetrachter,
– Dosenöffner,
– Elektrorasierer,
– Föhn,
– Folienschweißgeräte,
– Grafiergeräte,
– Hand-Elektrowerkzeuge (z. B. Bohrmaschine, Lötkolben),
– Hand-Fasspumpen,
– Handmixer (Homogenisator),
– Heizstäbe,
– Kabel-Handleuchten (z. B. UV-, Rotlicht-, Schierlampen),
– Leuchtpulte,
– Schermaschinen,
– Verlängerungskabel,
– Vibrationsspatel und
– Zählgeräte.

2. *Ortsfest* (stationär) sind elektrische → Betriebsmittel, wenn sie entweder fest in eine elektrische Anlage eingebaut sind oder betriebsmäßig nicht bewegt werden. Letztere können über eine Steckvorrichtung angeschlossen sein.

Beispiele: Ständerbohrmaschinen, Kühlschränke, Büromaschinen.

3. *Nichtstationäre Anlagen* können entsprechend ihres bestimmungsgemäßen Gebrauchs nach dem Einsatz wieder abgebaut (zerlegt) werden.

4. *Stationäre Anlagen* sind mit ihrer Umgebung fest verbunden, z. B. Installationen in Gebäuden.

Endgültiger Studienabschlussbericht	Finalisierter Studienabschlussbericht
	Eine zusammenfassende Beschreibung einer Studie über die Untersuchung eines Produktes, die nach Sammlung aller Rohdaten geschrieben wird, auch wenn die Studie nicht beendet wird, und die Ziele, Studienmaterial und -methoden (einschließlich statistischer Analyse) vollständig beschreibt, die Studienergebnisse darstellt und eine kristische Beurteilung dieser beinhaltet.
Endkontrolle	[GMP] Prüfung des Endprodukts sowie dessen Chargenprotokolle zur Freigabe für den Vertrieb.
Endpoint	= Endpunkt (engl.); → Surrogate Marker
	Indikator, der die Sicherheit, Wirksamkeit usw. in einem Versuch steuert.
Endprodukt	Fertigprodukt
	[GMP] Ein Arzneimittel, das alle Phasen der Herstellung einschließlich der Verpackung in sein endgültiges Behältnis (→ Primär- und → Sekundärpackmittel) durchlaufen hat, aber noch nicht freigegeben wurde.
	In der → Klinischen Prüfung versteht man unter „gefertigtes Endprodukt" das formulierte und in die endgültigen, versiegelten Behälter gefüllte Endprodukt. Die Behältnisse einer Abfüllcharge werden gemeinsam verarbeitet; sie sind in ihrem Gehalt und ihrer biologischen Wirkung uniform.
Entsorgung von zu untersuchenden Produkten	Der Verbleib von zu untersuchenden Produkten und Kontrollprodukten während oder nach Beendigung der Studie. Zum Beispiel können die Produkte, nach Einhaltung aller Beschränkungen hinsichtlich der Vermeidung von Risiken für die öffentliche Gesundheit, an den Auftraggeber zurückgegeben, verbrannt oder durch andere genehmigte Methoden entsorgt werden.
Entsorgung von Studientieren	Der Verbleib der Studientiere oder ihrer verzehrbaren Produkte während oder nach Beendigung der Studie. Zum Beispiel können Tiere nach Einhaltung aller Beschränkungen hinsichtlich der Vermeidung von Risiken für die öffentliche Gesundheit geschlachtet werden, in die Herde zurückgehen, verkauft oder an den Besitzer zurückgegeben werden.
Entwurf	engl.: → Draft
	Erste Fixierung, Skizze, vorläufiges, noch in Arbeit befindliches Dokument, z. B. Prüfplan- oder Berichts-Entwurf.

Environmental Monitoring	Umgebungsüberwachung hinsichtlich hygienebestimmender Parameter, wie z. B. Partikelzahl, Keimzahl, Keimart, Temperatur und Feuchte.
Envrac-Ware	→ Bulkware
Equipoise	= Gleichgewicht (engl.) Zustand, bei dem der Untersuchende unsicher ist, welcher Teil der → Klinischen Prüfung der therapeutische ist.
Ergänzungen	engl.: completion, supplement, complement, replenishment Zusatz (→ Additions), z. B. zum → Report.
Erproben	Ist das Prüfen der Wirksamkeit und dient der Feststellung der Funktionsfähigkeit und des Zustands.
Erstqualifizierung	→ IQ, → OQ und → PQ sowie → MQ
Erstvalidierung	Das ist diesjenige → Validierung, die in der tatsächlichen Anwendungsumgebung durchgeführt wird und mit dem Abnahme- und Akzeptanztest abschließt.
Erstzertifizierung	Das ist die erste → Zertifizierung, der sich ein Antragsteller unterwirft. Sie ist umfasst die Durchsicht der QM-Dokumentation des Antragstellers, einschließlich des Dokumentenprüfberichts sowie derVorbereitung und Durchführung eines System-Audits vor Ort über alle QM-Elemente mit → Audit-Bericht.
Escrow-Vereinbarung	engl.: escrow agreement Ein Gesetzesbegriff im angloamerikanischen Recht. Bezeichnet ein Abkommen, welches den Zugang zu geschützten Informationen eines Vendor-Unternehmens garantiert (in diesem Falle des → Quellcodes einer Software), z. B., falls das Unternehmen in Konkurs geht. Kann aber auch die Hinterlegung des Kryptofizierungsschlüssels bei einer dritten Partei (z. B. der öffentlichen Verwaltung) sein, um den gesicherten Zugriff zu verschlüsselten Informationen aufrecht zu erhalten.
Essential Documents	essenziell = wesentlich, zum Kern gehörig, konzentrierter Auszug Wesentliche (notwendige) Dokumente, welche einzeln und zusammen eine Bewertung der Studie und der Qualität der produzierten Daten erlauben.

Essenzielle (Studien-)Dokumente	engl.: → Essential Documents [GCP] Dokumente, die einzeln und zusammen die Bewertung der Durchführung einer klinischen Prüfung sowie der Qualität der erhobenen Daten zulassen.
Etalon	(franz.) fachsprachlich für Normalmaß; Eichmaß, → Eichnormal.
Ethics Committee	= → Ethikkommission (engl.)

Ethikkommission

engl.: → Ethics Committee

Seit den 1970-er Jahren in den USA, Europa und Japan gebildete unabhängige Gutachtergremien aus Ärzten und meist auch aus Vertretern anderer Berufe, deren Aufgabe es ist, die berufsethische und rechtliche Vertretbarkeit medizinisch-wissenschaftlicher Forschungsarbeiten zu beurteilen. Der Arzt ist nach seinem Berufsrecht gehalten, eine Ethikkommission vor klinischen Versuchen an Menschen anzurufen. Allgemeine Leitsätze wurden vom Weltärztebund in Form der Deklarationen von Helsinki (1964), Tokio (1975) und Venedig (1983) erarbeitet.

→ CCI	Committee on Clinical Investigations
→ CCPPRB	Comité Consultative pour la Protection des Personnes dans les Recherches Biommédicales (Frankreich)
→ EAB	Ethical Advisory Board
→ EC	Ethics Committee
→ IEC	Independent Ethics Committee
→ IRB	Independent Review Board
→ LREC	Local Research Ethics Committees (Großbritannien)
MREC	Multicentre Research Ethics Committees (Großbritannien)
→ NRB	Noninstitutional Review Board (Independent Review Board)
→ REB	Research Ethics Board (Kanada)

E-Trials

Durchführung von → Klinischen Studien und Anwendungsbeobachtungen mittels Internet. Systeme für die direkte elektronische Dateneingabe durch die Prüfärzte (E-Clinicals Trials) sind zur Zeit in der → Testphase.

EU

Abkürzung für „Europäische Union".

[GLP] Alle Mitglieder der EU haben die Richtlinien übertragen. Außer → Luxemburg haben alle Mitgliedsstaaten ein GLP-Überwachungsprogramm etabliert. → Norwegen hat die GLP Directives 87/18/EEC und 88/320/EEC als Bestandteil der EEA integriert und besitzt eine Überwachungsbehörde. Ein Mitgliedsland (→ Frankreich) hat drei nationale Überwachungsbehörden. Drei

Länder (→ Dänemark, → Portugal und → Schweden) haben zwei nationale Überwachungsbehörden. Acht Staaten (→ Österreich, → Belgien, → Griechenland, → Irland, → Italien, → Niederlande, → Finnland und → Großbritannien) sowie → Norwegen haben nur eine Überwachungsbehörde. → Deutschland hat in jedem Bundesland eine Überwachungsbehörde, deren Arbeit durch eine Bundesbehörde koordiniert wird.

Fünf Mitgliedsstaaten (Dänemark, Frankreich, Irland, Portugal und Schweden) haben ihr nationales Monitoringprogramm oder Teile davon unter ihr nationales Labor-Akkreditierungssystem (EN 45000) implementiert. In Norwegen ist das ebenso der Fall.

EU GMP Leitfaden   → EG GMP Leitfaden

Evaluation   franz.: évaluer = abschätzen, berechnen; vom lat.: valere = stark sein, wert sein.
Bildungssprachlich deutet Evaluation auf → Bewertung oder → Beurteilung (und Prüfung) hin. Zum Beispiel können Lehrpläne evaluiert werden.

Excipients   [GMP] = Hilfsstoffe (engl.)

Exclusion criteria   Ausschlusskriterien
Liste von Einzelpunkten, die jeweils eine Teilnahme an einer → Klinischen Prüfung ausschließen.
Gegenteil: → Inclusion criteria

Experiment   engl.: experiment
→ Versuch; wissenschaftlicher Eingriff in ein System (u. a. → Versuchstier) zum Erkenntnisgewinn (→ Tierversuch).

Experimental Completion Date   Ende der experimentellen Phase einer Prüfung; → Prüfungsende
Der letzte Tag, an dem noch prüfungs-spezifische → Rohdaten erhoben werden.
[EPA] In Anlehnung an die seit 1989 in Kraft befindlichen GLP-Grundsätze der amerikanischen Umweltbehörde: „... Zeitpunkt, an dem das Prüfsystem aus der Prüfung genommen wird."

Experimental phase completion date   [GCP/CVM] Das Datum, an dem die Erfassung aller → Rohdaten abgeschlossen ist.

Experimental phase initiation date   [GCP/CVM] Das Datum, an dem die → Versuchstiere erstmals behandelt wurden.

Experimental Starting Date	Beginn der experimentellen Phase einer Prüfung. Der Tag, an dem die ersten prüfungs-spezifischen → Rohdaten erhoben werden (kann vom → Prüfleiter bestimmt werden). [EPA] In Anlehnung an die seit 1989 in Kraft befindlichen GLP-Grundsätze der amerikanischen Umweltbehörde: „... der erste Tag der Applikation des Prüfgegenstandes an das Prüfsystem."
Explanatory trial	= erklärende Studie (engl.); → Pragmatic trial Bezeichnung für eine → Klinische Prüfung, die zur Demonstration der Wirksamkeit eines Arzneimittels dient.
External consistency	Die Übereinstimmung von Tätigkeiten zwischen verschiedenen Datenreihen.
Externer Prüfer	Sachverständiger von Überwachungsorganisationen.

F

F₁

Feingewichte – passende Prüfgewichte für Analysenwaagen (Toleranz I).

F₂

Prüfgewichte für sehr genaue Präzisionswaagen (Toleranz II).

Facility based Inspection

= einrichtungsbezogene Überprüfung (engl.)

FACT

Abkürzung für „Fully Automatic Calibration Technology"; vollautomatische motorische → Kalibrierung.
Um die *Abhängigkeit der Fallbeschleunigung* von der geografischen Breite und der Höhe über dem Meer beim Wiegen zu berücksichtigen, wird mit dieser modernen Kalibrationstechnik die Kalibrierung bei Waagen laufend von einem Mikroprozessor überwacht und bei Empfindlichkeitsabweichungen selbstständig ausgelöst. Es ermöglicht die für eine richtige Anzeige notwendige Korrektur der → Empfindlichkeit (Steilheit) der *Waagenkennlinie* an Ort und Stelle.
Bei Auslösen dieser Kalibrierung legt die motorgetriebene Waage ein unterhalb der Waagschale eingebautes Referenzgewicht auf. Aus dem Ergebnis dieser Kalibrierwägung – welches von Ort zu Ort variiert – berechnet der Mikroprozessor den → Kalibrierfaktor und speichert diesen bis zur nächsten Kalibrierung permanent ab. Mit Hilfe dieses Faktors ist es nun möglich, die Empfindlichkeit korrekt einzustellen. Alle auf die Kalibrierung folgenden Wägungen beziehen sich dann auf die richtige Steilheit der Kennlinie.
Ferner ist die Kalibrierung notwendig, wenn sich die Umgebungstemperatur seit der letzten Kalibrierung über ein bestimmtes Maß hinaus verändert. Damit der Anwender der Waage sich nicht ständig um die Kalibrierung kümmern muss, besitzen viele Waagen eine vollautomatische Überwachung der Kalibrierung (*Autocal*).

FAT	Abkürzung für „Factory Acceptance Test"; → Werksabnahme.
FDA	Abkürzung für „US Food and Drug Administration". Behörde der Vereinigten Staaten von Amerika, zuständig für Arzneimittel (human und veterinär), Kosmetika, Lebensmittel und Medizinprodukte.
FDA-Inspektionen	Inspektionsarten der → FDA sind: – Pre-IND Inspections – Pre-Approval Inspections (PAI) – Post-Approval Inspections – Inspektionen bei „Major Changes"
FDA-Inspektionsergebnisse	Diese umfassen: – Wrap-up Meeting – Formblatt 483 – Establishment-Inspection-Report (EIR) – Bezug des EIR (Freedom of Information) – Response (Schriftliche Stellungnahme des Unternehmens) – Re-Inspektion
Federation of European Laboratory Animal Science Associations	Abkürzung: FELASA Sie wurde während der ICLAS-Tagung 1979 in Utrecht gegründet. In ihr sind in Europa bestehende versuchstierkundliche Gesellschaften kooperativ Mitglied. Gründungsgesellschaften waren → GV-SOLAS (Gesellschaft für Versuchstierkunde), LASA (Laboratory Animal Science Association, GB) und Scand LAS (Scandinavian Federation for Laboratory Animal Science). Ziele sind die Förderung der → Versuchstierkunde in Europa, die Einflussnahme auf die einschlägige Gesetzgebung in der EG bzw. in den Ländern der Mitgliedsgesellschaften und die Durchführung gemeinsamer Tagungen. Inzwischen sind noch weitere Gesellschaften der FELASA beigetreten.
Fehler	Betrag, um den z. B. ein durch Messungen ermittelter Wert x_1 von einem wahren oder mittleren Wert x abweicht. ***Beispiel:*** Über die Grenzen der → Toleranz hinausgehende → Abweichungen der Ist-Werte von Kenngrößen oder der Funktionen bei elektrischen Bauelementen, Baugruppen und Geräten, bedingt durch Fremdeinflüsse oder durch fehlerhafte Bauelemente.

Zu den häufigsten vorkommenden Problemen bei
QS-Überprüfungen zählen:
- formale Fehler (z. B. unvollständige → Rohdaten),
- inhaltliche Fehler in den Tabellen (Übertragungsfehler,
  Rechenfehler) und
- inhaltliche Fehler im Berichtstext (z. B. Abweichungen vom
  → Prüfplan).

Fehler, allgemein

engl.: fault
Die Nichterfüllung (→ Nichtkonformität) einer festgelegten
Forderung.

Fehlergrenze

→ Toleranzgrenze; Betrag der → Grenzwerte
[Messtechnik] Höchstwert einer absoluten oder relativen
→ Abweichung eines mit einem Messgerät bestimmten Wertes vom
wahren Wert oder vom Sollwert.
Bei amtlich geeichten Geräten (Uhren, Waagen, Elektrizitätszählern)
ist die maximal zulässige Fehlergrenze meist vorgeschrieben
(→ Eich-Fehlergrenze). Allgemein gehört sie zu den von der
Herstellerfirma mitgelieferten Gebrauchsdaten (*Verkehrs-
Fehlergrenze*).
Die Angaben der *relativen Fehlergrenze* erfolgt in Bruchteilen oder in
Prozent der ermittelten Messwerte, z. B. 5 % oder ± 2 s pro Tag.
Die selten angegebene *absolute Fehlergrenze* gilt für den gesamten
Messbereich, z. B. ± 0,1 mg bei Analysenwaagen.

Feinauflösung

In der Feinauflösung wird der Gewichtswert mit 10-fach feinerem
→ Ziffernschritt angezeigt. Dieser hoch auflösende Gewichtswert ist
kein geeichter Wert.

Feldversuch

→ Freilandprüfung
Allgemein an Ort und Stelle ausgeführter Versuch, der die
tatsächlich bestehenden Verhältnisse berücksichtigt, besonders im
Gartenbau (z. B. Düngungs-, Sorten- und Fruchtfolgeversuche).

Fertigarzneimittel

→ Fertigprodukt

Fertigprodukt

Ein Arzneimittel, das alle Produktionsstufen, einschließlich der
Verpackung in sein endgültiges Behältnis, durchlaufen hat
(→ Fertigarzneimittel). Diese Definition umfasst das Etikettieren
und die Verpackung im → Sekundärpackmittel.

Festlegung

→ Vorgabe
Schriftlich niedergelegte Information betreffend einer → Angabe,
einer → Anweisung oder einer → Forderung.

Field Inspector

Zu einer Region gehörender → GLP-Inspektor der DSI (Division of
Scientific Investigations, → FDA).

Final Report

= → Abschlussbericht (engl.)

Final Study Report

Abkürzung: FSR
[GCP] → Study Report, → Abschlussbericht.

Findings

= Entdeckung, Befund, Urteil, wahrer Spruch (engl.)
Alter englischer Begriff für Ergebnisse der → Inspektion (results of
inspection, *symptoms*), Anmerkungen.
Die Gewichtung dieser Beanstandungen lässt sich in
– *critical* kritisch, (sehr) bedenklich,
– *major* groß, bedeutend und
– *minor* gering, minimal, klein, wenig bedeutend einteilen.

Finnland

EU-Mitgliedsstaat, indem → GLP implementiert ist.
Die GLP-Überwachungsbehörde ist die „National product control
agency for welfare and health", die direkt Prüfeinrichtungen
überwacht, die Umweltschutz-Prüfungen durchführen.
GLP-Inspektion in Prüfeinrichtungen, die nichtklinische,
gesundheitsrelevante Sicherheitsstudien durchführen, werden von
der „National agency for medicines" übernommen. Es gibt keine
bilateralen Abkommen mit Drittländern.
Das GLP-Überwachungsprogramm existiert seit 1990.

Firewall

Mit besonderer Software ausgestatteter Computer, welcher die
Kommunikation eines internen Netzwerkes mit externen Netzen
(Internet) überwacht. Damit wird der direkte Zugriff von außen auf
interne Ressourcen unterbunden bzw. kontrolliert.

First-in-humans study

→ First-in-man study
Die erste Phase 1 Studie in welcher das Testpräparat beim Menschen
eingesetzt wurde.

First-in-man study

→ First-in-humans study

FMEA

Abkürzung für „Failure Mode Effect Analysis"; Fehler-Möglichkeiten-Einfluss-Analyse.
Dieser Industriestandard findet Anwendungsbeispiele u. a. im pharmazeutischen Bereich bei der Anlagenqualifizierung von Abfüllanlagen.

Forderung

→ Anforderung
Formell festgelegte Erwartung eine Sache betreffend, die erfüllt werden soll und welche den beteiligten Parteien bekannt gemacht wird; Bedarf oder Erwartung oder deren Ausdruck als ein Satz von beabsichtigten Merkmalen und dessen Werten.

Formblätter

Abkürzung: FB; engl.: forms
Verbindliche Formulare, Vordrucke, die eine Bestätigung über die Erfüllung der Qualitätsforderungen beinhalten (ISO 9000 ff.). Sie dienen zur Berichterstattung oder Aufzeichnung der Ergebnisse einzelner, immer wiederkehrender Maßnahmen, Abläufe oder Arbeitsschritte in systematisch festgelegter, jederzeit nachvollziehbarer Form.

Formulierung

[GMP] Aufbereitung des → Wirkstoffs in die → Darreichungsform.

Frankreich

EU-Mitgliedsstaat, der → GLP implementiert hat.
Die „Groupe interministeriel des produits chimiques" (GIPC) ist die GLP-Überwachungsbehörde „Cofrac" für Chemikalien. Ausgenommen sind Arzneimittel, Kosmetika und Veterinärpräparate. Im Ministerium für Arbeit und Soziales ist die Überwachungsbehörde „Agence francaise de sécurite sanitaire des produits de sante" (AFSSAPS) zuständig für Arzneimittel und Kosmetika, und zusammen mit dem Ministerium für Landwirtschaft und Fischfang betreuen die „Agence francaise de sécurite sanitaire des aliments" und die „Agence nationale du medicament vétérinaire" die veterinärmedizinischen Produkte. Die Prüfeinrichtungen in den drei Überwachungsprogrammen untersuchen eine breite Palette an Chemikalien: neue und existierende Chemikalien, Arzneimittel, Tierarzneimittel, Kosmetika, Futterstoffe und -zusatzstoffe sowie Pestizide. Routinemäßige Inspektionen erfolgen in 15 Monaten-Intervallen (GIPC) bzw. 2-Jahres-Rhythmen (AFSSAPS). Das GLP-Überwachungsprogramm wurde 1984 für Arzneimittel, 1999 für Tierarzneimittel und 1985 für andere Chemikalien gegründet.

Freilandprüfung	engl.: field study; → Feldversuch (Teil der) Prüfung bei Untersuchungen von Pflanzenschutzmitteln, der/die unter landwirtschaftlichen Bedingungen im Freien stattfindet.
FSR	[GCP] Abkürzung für → Final Study Report.
Fütterung	engl.: feeding Verabreichung der tierartspezifischen Futtermittel. *Ad libitum*: Den Tieren steht ständig Futter und/oder Wasser unbegrenzt zur Verfügung. *Restriktiv*: Die Verabreichung des Futters ist in Mengen (quantitativ restriktiv) oder im Nährstoffgehalt (qualitativ restriktiv) beschränkt, um eine Verminderung der Aufnahme – ohne dass dabei Mangelerscheinungen auftreten – zu erreichen. *Rationiert*: die vorgesehene Gesamtmenge wird in Teilmengen in festgelegten Zeitintervallen verabreicht. *Paarfütterung* (engl.: pair feed): Tiere der Kontrollgruppen erhalten die Futtermenge, welche die Tiere der → Versuchsgruppen in einem festgesetzten Zeitraum vorher gefressen haben.
Fütterungsarzneimittel	Arzneimittel in verfütterungsfertiger Form, das aus → Arzneimittel-Vormischungen und Mischfuttermitteln hergestellt wird und das dazu bestimmt ist, zur Anwendung bei Tieren in den Verkehr gebracht zu werden.
Fütterungsnorm	engl.: dietary standard Festgelegte Futtermenge pro Tier und Tag in Abhängigkeit von der Tierart und dem Lebensalter.
Funktionsqualifizierung	→ Operational Qualification (OQ).
Funktionstest	engl.: functional testing Test, der durchgeführt wird, um die → Compliance eines Systems mit spezifischen funktionellen Anforderungen zu analysieren. Es wird daher der innere Mechanismus oder die Struktur eines Systems ignoriert und sich nur auf die Ausgabe konzentriert, die als Antwort auf ausgewählte Eingaben und ausführende Bedingungen erzeugt wird.
Futteraufnahme	engl.: food intake Diejenige Futtermenge, die von den Tieren in einem gegebenen Zeitraum tatsächlich gefressen wird.

Futterautomat

engl.: automatic feeding device
Gerät zur Futterverabreichung, z. B. Futterraufe. Im engeren Sinn
Gerät zur Abgabe definierter Futtermengen.

Futterküche

engl.: food preparation
In der Regel im Außenbereich von Tierlaboratorien anzuordnender
Raum mit entsprechender Ausstattung zur Herstellung von nicht im
Handel fertig verfügbaren Futters.

Futterlager

engl.: food store
Räumlichkeiten zur Bevorratung von Futter. Diese müssen trocken,
nagersicher und frei von Schadinsekten sein.

Futter(mittel)

engl.: animal food
Organische oder mineralische Stoffe, die einzeln oder in
Mischungen der Ernährung von Tieren dienen.
1. Nach der ernährungsphysiologischen Aufgabe unterscheidet man:
– Erhaltungsfutter und
– Leistungsfutter.
2. Je nach den mengenmäßigen Futter-Anteilen spricht man vom
Grund- oder *Hauptfutter* und von *Bei-* oder *Zusatzfutter*.
3. In der Viehhaltung unterteilt man sie auch in:
– *Saftfutter*
– Grünfutter (Frischfutter)
– Gärfutter (Silofutter, Silage)
– Hackfrüchte
– *Raufutter*
– Getrocknetes Grünfutter (Heu)
– Stroh
– Spreu
Saft- und Raufutter zusammen nennt man *wirtschaftseigenes Futter*.
– *Kraftfutter* (aus besonderen Abfällen und Nebenprodukten der
  Nahrungsmittelindustrie).
Nährwertvergleiche ermöglichen die Umrechnung von in Versuchen
ermittelten Futter-Einheiten:
Stärkeeinheiten   für Wiederkäuer, Pferd
Umsetzbare Energie   für Schwein, Geflügel
Für den Wert eines Futters (Futtermittelbewertung) sind seine
Verdaulichkeit sowie sein Gehalt an Nähr- und → Wirkstoffen
entscheidend. Als Beurteilungskriterien dienen u. a.:
– Wassergehalt (Trockensubstanz, Asche)
– Rohfaser
– Rohfett
– Kohlenhydrate
– Eiweiß

- Essenzielle Aminosäuren
- Mineralstoffe
- Spurenelemente
- Vitamine
- Anteile von Fremdbestandteilen (z. B. Probiotika)
- Befall mit Schädlingen und
- Frische bzw. Verdorbenheit.

Die eingesetzten Futtermittel sollten routinemäßig auf
→ Unbedenklichkeit überprüft werden. In der Regel untersucht
man dabei Pestizide, Schwermetalle, Aflatoxine, mikrobiologische
Belastungen und Futterschädlinge.

Futtermittelprüfung

engl.: diet analysis
Prüfung bestimmter Parameter des Futtermittels durch
physikalische (z. B. Härte der Pellets, Partikelgröße, optisch und
oflaktorisch) und chemische Untersuchungen (z. B. → Weender
Analyse).

Futterverbrauch

engl.: food utilization
Summe aus Futteraufnahme und → Futterverstreu.

Futterverstreu

engl.: food wastage
Futter, das von den Tieren aus den Futterbehältern entnommen
(meist verspielt), aber nicht gefressen wird (ist bei der
Futterbestellung zu berücksichtigen).

Futterverzehr

engl.: true food intake
→ Futteraufnahme

Futterverwertung

engl.: feed conversion ratio (FCR)
Quotient aus aufgenommener Futtermenge zur Gewichtszunahme
pro Tier und Zeitraum.

Futterwert

engl.: feed value
Gesamteinschätzung von Futtermitteln bzw. Diäten bezüglich ihres
Nährstoffgehaltes.

G

GALP   Abkürzung für „Good Analytical Laboratory Practice" oder „Good Automated Laboratory Practice".

Garantie   = Bürgschaft, Gewähr, Zusicherung, Sicherheit (franz.); engl.: guarantee, warranty
Garantie-Vertrag (*Gewährungsvertrag*), dass jemand (*Garant*) einem anderen verspricht, für einen bestimmten Erfolg einzustehen, also Risiken und somit mögliche künftige Schäden zu übernehmen, die an irgendeiner Unternehmung entstehen können. Durch die vom Garanten festgesetzte *Garantiefrist* verkürzt sich die sonst rechtlich geltende 30-jährige Verjährungsfrist.

Garantieschein   Garantie-Urkunde; engl.: certificate of warranty
Hersteller-Dokument, das den Garantieanspruch beschreibt.
Bei Chemikalien belegen sie z. B. die Qualität und geben den Mindestgehalt sowie Höchstgrenzen für Spurenverunreinigungen an.

GBP   Abkürzung für „Good Business Practice".

GCP   Abkürzung für „Good Clinical Practice".
Gesetzlich geregeltes QS-System, bezieht sich auf klinische humanmedizinische Prüfungen von Pharmaka.

GCPV   Abkürzung für „Good Clinical Practice for the Conduct of Clinical Trials for Veterinary Medicinal Products", auch kurz „Good Veterinary Clincal Practice" genannt.
[GCP] EU-Richtlinie im Rahmen der → Klinischen Prüfung von Tierarzneimitteln analog der humanmedizinischen.

GCRP   Abkürzung für → Good Clinical Research Practice.

Gebrauchsinformation → Packungsbeilage

Gebrauchsnormal
$\rightarrow$ Werksnormal
[Messtechnik] Sie ist im Allgemeinen mit einem $\rightarrow$ DKD-, in Ausnahmefällen mit einem PTB-beglaubigten $\rightarrow$ Bezugsnormal in Verbindung mit entsprechenden Messgeräten kalibriert und wird benutzt, um Maßverkörperungen oder Messgeräte zu kalibrieren oder zu prüfen.

geeicht
$\rightarrow$ Eichung

Genauigkeit
mhd.: genou = knapp, sorgfältig
1. Fähigkeit eines Messgerätes, Werte der Ausgangsgröße in der Nähe des wahren Wertes zu liefern (quantitative Größe, vergleiche: $\rightarrow$ Präzision).
2. Grad der Annäherung an ein gewünschtes oder erforderliches Ergebnis. Zahlenmäßig kann die Genauigkeit als umgekehrt proportional zur Abweichung eines Ist-Wertes von einem Soll-Wert angenommen werden.
3. [Messtechnik] Die Genauigkeit eines Messergebnisses wird beeinträchtigt durch die Auswirkung der zufälligen Fehler aller Einflussgrößen auf das Messergebnis und durch die systematischen Fehler ($\rightarrow$ Abweichung). Sie wird bestimmt durch die Messunsicherheit und die $\rightarrow$ Fehlergrenze.
4. In der elektrischen Messtechnik ergibt sich die Genauigkeit aus der $\rightarrow$ Messunsicherheit (Messfehler), die bei analogen Messgeräten besonders durch die Genauigkeitsklasse festgelegt ist. Bei digitalen Messgeräten wird die Fehlergrenze meist als Plus/Minus-Angaben in Prozent vom Messwert zuzüglich Messbereichsendwert (oder in $\rightarrow$ Digits) angegeben.
5. In der mechanischen Messtechnik ist die Genauigkeit je nach Verwendungszweck unterschiedlich. Bei Längenmessungen verwendete einfache Maßstäbe mit Millimetereinteilung sind bis zu einem Messfehler von $\pm$ 1 mm/m zugelassen. Schiebelehren haben abhängig von der Noniuseinteilung eine Fehlergrenze von $\pm$ 0,01 mm.
6. Präzisionsmessgeräte (Zeigermessgeräte, Fühlhebel) besitzen eine hohe Mess-Genauigkeit mit Fehlergrenzen von $\pm$ 0,01 bis $\pm$ 0,001 mm (= $\pm$ 1 µm); sie lassen jedoch nur einen begrenzten Messbereich (0,06 – 0,4 mm) zu. Für Endmaße sind die Grenzen der zulässigen Abweichungen festgelegt. Bei Längenmessmaschinen beträgt die Fehlergrenze $\pm$ 0,1 µm. Mit dem Haarlineal lassen sich bei Flächenprüfungen Unebenheiten bis 2 µm feststellen.
Bei Winkelmessungen mit Nonius sind Messunsicherheiten bis $\pm$ 5°, bei optischen Winkelmessern bis $\pm$ 0,1° erlaubt. Mit der Lehrenbohrmaschine sind unter Verwendung des Rundteiltisches Einstellungen mit Genauigkeit bis $\pm$ 1 µm möglich.

7. Im Maschinenbau wird bei Werkzeugmaschinen zwischen Hersteller- und Arbeits-Genauigkeit unterschieden. Bei der Überprüfung der *Hersteller-Genauigkeit* werden Form-, Lage- und Bewegungsfehler an der unbelasteten Maschine ermittelt; Abnahmevorschriften und → Toleranzen sind nach DIN festgelegt. Die *Arbeits-Genauigkeit* untersucht das Maschinenverhalten unter Lastbedingungen (Einfluss statischer und dynamischer Kräfte) und bestimmt die Genauigkeit der hergestellten Werkstücke.

Genauigkeitsklassen

[Messtechnik] Einteilung elektrischer Messgeräte nach Fehlergrenzen. In den → VDE-Regeln für elektrische Messgeräte wurden für *Feinmessgeräte* die Klassen 0,1 und 0,2 sowie 0,5, für *Betriebsmessgeräte* die Klassen 1 und 1,5 sowie 2,5 und 5 festgelegt. Die auf der Geräteskala angegebene Klassenzahl gibt (bei Einsatz unter Nennbedingungen) den höchstzulässigen Anzeigefehler (oder Schreibfehler) in ± % an, meist bezogen auf den Messbereichsendwert. Zusätzliche Einflüsse dürfen weitere Fehler nur bis zu derselben Größe ergeben.

Genehmigung

Erlaubnis, Bewilligung oder Konzession
Verwaltungsakt (Behördenakt), durch den dem Antragsteller ein bestimmtes Handeln erlaubt wird.

Genehmigungspflicht

Genehmigungsbedürftigkeit
Die Pflicht, durch die von zuständigen externen Stellen (i. d. R. Behörden) eine geplante Maßnahme auf Grund gesetzlicher Vorschriften vor ihrer Durchführung genehmigt werden muss.

Geräte

technisches Arbeitsmittel
[GLP] „... Geräte, die zur Gewinnung von Daten und zur Kontrolle der für die Prüfung bedeutsamen Umweltbedingungen verwendet werden ...“

Beispiele:
Geräte zur Gewinnung von Daten = Messgeräte
– Atomabsorptionsgerät
– Elektrophorese
– FPLC
– HPLC
– Kalorimeter
– pH-Meter
– Fotometer
– Thermometer
– Viskosimeter
– Waagen

Geräte zur Kontrolle der Umweltbedingungen
– Brutschränke
– Klimakammern
– Kühleinrichtungen
– Thermo-Hygrografen

Gerätebeschreibung
→ Bedienungsanleitung, Betriebsanleitung (Operating Instruction), Betriebsanweisung
Enthält Herstellerangaben, Herstellerinformation, z. B. über die:
– Verwendung (Application),
– Schmierung (Lubrication),
– Eigenschaften (Characteristics) und
– Kennzeichnung (Identification) eines Gerätes.

Geräte-Beschriftung(en)
Am Gerät befindliche Unterlagen und Informationen, z. B.:
– SOP-Nummer der entsprechenden → Geräte-SOP,
– Interne Geräte-Nummer,
– Inventar-Nummer,
– Herstellerangaben (Typ, Serien-, Fabrik-Nummer usw.),
– Notfalldienst (Adresse und Telefon-Nummer),
– Kontrollblatt und
– Belegungs- oder Bedienungsplan.

Gerätebuch
engl.: equipment log book, equipment records = Geräteunterlagen, Bordbuch, Logbuch.
Umgangssprachlich für die Aufzeichnungen über die Überprüfung, Reinigung, Wartung und Kalibrierung von (Mess-)Geräten. Diese Kontrollblätter werden gerätespezifisch (in einem Ordner) gesammelt und aufbewahrt.
Diese Aufzeichnungen sind → Rohdaten im Sinne der GLP-Bestimmungen. Sie sind deshalb „unmittelbar, unverzüglich, genau und leserlich aufzuzeichnen. Die Unterlagen sind zu datieren und zu unterschreiben oder abzuzeichnen. Etwaige Änderungen zu den Unterlagen sind so vorzunehmen, dass die ursprüngliche Aufzeichnung ersichtlich bleibt. Sie sind stets mit einer Begründung, mit Datum und mit Unterschrift (oder Namenskürzel) zu versehen."
Um unnötige Schreibarbeit bei der Begründung von Änderungen zu vermeiden, können Abkürzungen verwendet werden.

Beispiele:

(!L) = Lesefehler (Wert falsch abgelesen)
(!S) = Schreibfehler
(!B) = Bedienungsfehler
(!E) = Eingabefehler
(!R) = Rechenfehler
(!A) = Ausdruckfehler (vom Gerät)
(!Ü) = Übertragungsfehler
(!H) = Hörfehler
(!K) = Korrekturfehler
(!St) = falscher Stempelaufdruck

Das Gerätebuch sollte Angaben über das Gerät (Typ, Inventar-Nr.),
Standort und Abteilung sowie Anschaffungsdatum beinhalten. Beim
Standort ist der aktuelle Raum einzutragen. Wird das Gerät in
mehreren Räumen eingesetzt, so kann in Klammern „Bei Bedarf
auch Raum Nr. ..." eingefügt werden. Nicht erlaubt sind
Sammelangaben eines Bereiches, z. B. Raum Nr. 1-4.

Geräte-Schulung   Dokumentierte Einweisung mit Kenntnisnahme des Eingewiesenen
und Unterschrift des Unterweisers.

Geräte-SOP   → Standardarbeitsanweisung, in der die geforderten Bereiche, wie
– Bedienung,
– Wartung,
– Reinigung und
– Kalibrierung
von Geräten beschrieben sind.

Gerätespezifikation   Die detaillierten technischen Daten und Beschreibungen eines
bestimmten Gerätes.
Hierzu gehören die Baupläne, Teillisten mit Herstellerangaben,
Funktionsbeschreibungen, Leistungsangaben, Vorgaben zur
Wartung, → Kalibrierung, Reparatur usw. Eine aktuelle
Gerätespezifikation ist ein integraler Teil des Gerätes (→ Lastenheft,
→ Pflichtenheft).

Gesellschaft für   Abkürzung: GV-SOLAS
Versuchstierkunde   Die Gesellschaft wurde auf Initiative des süddeutschen
(Society for Laboratory   „Arbeitskreises für Versuchstierkunde" 1964 als internationale
Animal Science)   Gesellschaft im deutschsprachigen Raum gegründet.
Struktur: Präsident, zwei Vizepräsidenten, Sekretär, Vorstand und
Beirat. Darüber hinaus bestehen Arbeitsausschüsse zu
verschiedenen Themenbereichen. Man unterscheidet ordentliche,
außerordentliche, fördernde und Ehrenmitglieder.

Die GV-SOLAS verleiht analog dem Fachtierarzt für Versuchstierkunde den „Fachwissenschaftler Versuchstierkunde". Ziele der GV-SOLAS sind fachliche Förderung ihrer Mitglieder, Einflussnahme auf Verwaltungsentscheidungen, Verbesserung von Versuchstierzucht und -haltung sowie tierexperimentelle Arbeiten durch Erarbeitung von Standards durch die Arbeitsausschüsse. Die Gesellschaft schreibt ein Preisausschreiben zu versuchstierkundlichen Themen aus.

Gewerke

[GMP] Unterschiedliche, komplexe Versorgungssysteme und deren Steuerung, z. B. – Wassersysteme,
– Lufttechnische Anlagen (Klima- und Reinraumtechnik),
– Dampfversorgung,
– Gasversorgung (Druckluft, Stickstoff, CO_2) und
– Vakuum.
Die Gewerke erfordern typspezifische Überwachungs- und Qualifizierungsmaßnahmen (*Challengetests* oder *Langzeitmonitoring*).

Gewichte

Umgangssprachliche Bezeichnung für die durch Wägung ermittelte Masse eines Körpers (KM = Körpermasse). Gebräuchliche Abkürzung bei Dosierungen sind z. B. b. w. (oder BW) = engl.: body weight, und KG = Körpergewicht. Im Maß- und Eichwesen ist es die Kurzbezeichnung für → Gewichtsstück.

Gewichtsstück

Ein Metallkörper, der beim Wiegen mit einer Balkenwaage als Vergleichsmasse aufgebracht wird (*Wägestück*) oder an einer Lauf- bzw. Neigungswaage zum Ausgleich der Kraftwirkung durch die zu wägende Last als *Gegengewicht* angebracht ist. Die Massen eines aus mehreren Wägestücken bestehenden *Gewichtssatzes* sind wie 1×10^n, 2×10^n und 5×10^n gestaffelt (n = ganzzahlig). Die größeren Wägestücke sind mehr oder weniger hohe Kreiszylinder oder Kegelstümpfe (z. T. mit Knopf zum Anheben), die kleinen „Feingewichte" haben meist die Form drei- oder mehreckiger Plättchen oder (als *Reitergewichte* bezeichnet) winkelig gebogener Drahtstücke.
Von der Form unterscheidet man Blockgewichte (Kubische Gewichte), Hakengewichte, Newton-Gewichte, Zylindergewichte und Schlitzgewichte (mit Trägerstange).

Gewöhnung

engl.: tolerance, habituation
1. Toleranz: Verminderung der Wirkungsstärke einer biologischen Wirkung eines Pharmakons bei wiederholter Gabe.
2. Habituation: Gewöhnung, individuell erworbene Verhaltensanpassung (Adaption) in Form spezifischer Verhaltensreaktionen auf wiederholt auftretende, gleiche Reizangebote in gleicher Umgebung.

Gleichzeitige Validierung

→ Concurrent Validation
→ Validierung, die im Rahmen der routinemäßigen Herstellung von einem Produkt, welches für den Verkauf („Inverkehrbringung") vorgesehen ist, durchgeführt wird.

Glossar

= die Zunge (grch.-lat.); engl.: glossary
Selbstständig oder als Anhang eines bestimmten Textes erscheinendes Wörterverzeichnis mit Erklärungen.

GLP

Abkürzung für → Gute Laborpraxis, → Good Laboratory Practice. Gesetzlich geregeltes QS-System.
„Grundsätze der Guten Laborpraxis", Anhang 1 zu § 19a, Absatz 1 des Chemikaliengesetzes in der derzeit gültigen Fassung vom Juli 1994 (zuletzt geändert im Mai 1997).

GLP-Bescheinigung

engl.: GLP certificate
Bescheinigung über die Einhaltung der Grundsätze der → GLP, die im Auftrag einer → Prüfeinrichtung von der zuständigen Behörde erteilt wird, wenn die Prüfeinrichtung und die durchgeführten Prüfungen den „Grundsätzen der Guten Laborpraxis" entsprechen. Das → Zertifikat ist in der BRD nach dem (zweisprachigen) Muster des Anhangs 2 des Chemikaliengesetzes auszustellen.

GLP-Bundesstelle

Abkürzung: GLP-BSt; engl.: German GLP Federal Bureau
In der BRD die Organisationseinheit des für die Aufgaben nach § 19b Abs. 2 Nr. 3 und § 19d Abs. 1 ChemG zuständigen Bundesministeriums für gesundheitlichen Verbraucherschutz und Veterinärmedizin (BgVV), das insoweit der Fachaufsicht des Bundesministeriums für Umwelt, Naturschutz und Reaktorsicherheit unterliegt. Sie hat ihren Sitz in Berlin-Dahlem.

GLP-Erklärung	Erklärung über die Einhaltung der → GLP; engl.: GLP compliance statement.

Erklärung des → Prüfleiters (und ggf. der → Leitung der Prüfeinrichtung), um die Einhaltung der GLP-Grundsätze zu bestätigen. Eine solche Erklärung wird in der Regel von den Bewertungsbehörden als Bestandteil des Zulassungs- bzw. Registrierungsantrags verlangt und ist daher Bestandteil des → Abschlussberichtes.

GLP-Inspektor

engl.: inspector = Kontrolleur
→ Inspektor der entsprechenden Überprüfungsbehörde.

GLP-Neu

Übersetzung in deutscher Sprache der Neufassung der OECD-Grundsätze der → GLP in der Fassung vom November 1997.

GLP-pflichtige Prüfungen zur physikalisch-chemischen Charakterisierung

Nach amerikanischem und japanischem Recht sind dies:
– Stabilität,
– Löslichkeit,
– Verteilungskoeffizient,
– Flüchtigkeit und
– Persistenz (biologischer und abiotischer Abbau, Fotoabbau).
Nicht den GLP-Grundsätzen unterliegen Angaben zur Reinheit, über Art und Gewichtsanteile der Hilfsstoffe, der Hauptverunreinigungen sowie der übrigen bekannten Verunreinigungen und Zersetzungsprodukte, die experimentellen Ergebnisse über die Molekulargewichtsverteilung bei Polymeren und Angaben über Identität und Prozentanteile der Monomere, die nicht reagiert haben (bei Polymeren), Spektraldaten und Hochdruckflüssigkeits- oder Gaschromatogramme.
Besondere Merkmale von analytischen und physikalisch-chemischen Prüfungen gegenüber Langzeit-Toxizitätsprüfungen sind:
– kurze bis sehr kurze Dauer der Prüfung/Messung,
– einfache Durchführbarkeit,
– bessere Reproduzierbarkeit,
– in der Regel einfach zu wiederholen und
– häufig festgelegte, erprobte Standardmethoden.

GMLS

Abkürzung für „Good Medical Laboratory Services".
Konzept für das abschließende Berichten der Anforderungen von medizinischen Laboratorien.

GMP

Abkürzung für „Good Manufacturing Practice"; die Gute Herstellungspraxis.

Gesetzlich geregeltes QS-System für die Herstellung und Analytik von Arzneimitteln. Gefordert sind:
- definierte und validierte Herstellungsvorgänge,
- ausreichend qualifiziertes und geschultes Personal,
- geeignete Räumlichkeiten und Ausrüstung,
- genehmigte → Verfahrensbeschreibungen und Anweisungen und
- umfassende Herstellungsdokumentation.

Good Administration Practice

= die Gute Verwaltungspraxis (engl.), engl.: administration = Verwaltung.

Teil von → GMP, der sich vor allem mit der Schulung von Mitarbeitern in den so genannten „peripheren Bereichen" wie Verwaltung, Sekretariat, Einkauf, Produktionsplanung, Koordination, Dokumentationswesen und → Archivierung befasst.

Good Agricultural Practice

= die Gute landwirtschaftliche Praxis (engl.)

Bezeichnung für eine am Standard fortschrittlicher Landwirte gemessene Form der Bodennutzung, die ein ökonomisch ausgewachsenes Verhältnis zwischen qualitativ und quantitativ hochwertigem Ertrag und dem Schutz der menschlichen Gesundheit unter ökologischen Gesichtspunkten erfasst. Bei der Anwendung von Pflanzenschutzmitteln gehört hierzu, dass Bekämpfungszeitpunkt und Aufwandmenge auf das Ziel abgestimmt sind, damit hochwertiges und für den Verbraucher gesundes Erntegut produziert wird. Die entsprechenden Bekämpfungsmaßnahmen können bezüglich Häufigkeit, Dosierung und Zeitpunkt vor allem auf Grund klimatischer Verhältnisse regional sehr unterschiedlich sein und müssen in jedem Fall so ausgeführt werden, dass sich etwa verbleibende Rückstände im Rahmen der zulässigen Höchstwerte bewegen.

Good Automated Laboratory Practice

Abkürzung: GALPs; = die Gute automatisierte Laboratoriumspraxis (engl.)

[EPA] Regelwerk in der pharmazeutischen Industrie zur → Validierung von Computersystemen in klinischen Zentrallaboratorien.

Good Automated Manufacturing Practice

Abkürzung: GAMP; = die Gute automatisierte Herstellungspraxis (engl.)

Regelwerk in der pharmazeutischen Industrie zur → Validierung von Computersystemen (in klinischen Prüfungen).

Good Clinical Practice Abkürzung: → GCP; = die Gute klinische Praxis (engl.)

Good Clinical Research Practice Abkürzung: → GCRP = → GCP; = die Gute klinische Forschungspraxis (engl.)

Good Development Practice = die Gute Entwicklungspraxis (engl.); → GMP

Good Documentation Practice Abkürzung: GDP; = die Gute Dokumentationspraxis (engl.) [GMP] Behandelt, welche Anforderungen erfüllt werden müssen und wie dabei gleichzeitig der Aufwand durch klare Konzepte rationalisiert werden kann, z. B. durch die Einbeziehung vorhandener Module bei der Erstellung neuer Dokumente.

Good Inspection Practice = die Gute Inspektionspraxis (engl.) [GMP] Die → Qualitätskontrolle ist eines der Kernelemente eines funktionierenden → Qualitätssicherungssystems im Pharma- und Wirkstoffunternehmen. Daher sind Inspektionen (Selbstinspektionen, Fremdinspektionen) ein wichtiger Bestandteil des Kontrollsystems. In entsprechenden Seminaren wird die Planung, Vorbereitung, Durchführung und Auswertung von Inspektionen geschult. Praxisnah werden das Auffinden von Schwachstellen und die professionelle Bewertung der Situationen sowie die Fragetechniken geübt.

Good Laboratory Practice = die Gute Laborpraxis (engl.) [GLP] Engl. Bezeichnung für ein international (→ OECD und EG) vereinbartes Verfahren zur Durchführung von Analysen, Tests und Untersuchungen von Chemikalien zur Beurteilung ihres Gefährdungspotenzials gegenüber dem Menschen oder der Umwelt. Das Verfahren legt Standards fest für Organisation und Personal, Räumlichkeiten, Geräte, → Reagenzien, Prüf- und Referenzgegenstände, Arbeitsanweisungen, Ergebnisberichte und → Archivierung. Es soll die internationale Anerkennung von Prüfungsergebnissen erleichtern. Gesetz zum Schutz vor gefährlichen Stoffen (Chemikaliengesetz – ChemG) in der Fassung vom 25.07.1994 (BGBl. I, S. 1703), zuletzt geändert durch Gesetz vom 02.08.1994 (BGBl. I, S. 1963).

Good Laboratories Practice Instrument Dokument (Statement) über die Einhaltung der GLP-Richtlinien.

Good Laboratory Practice Regulations = Vorschriften der Guten Laborpraxis (engl.)
Von der „Food and Drug Administration" (→ FDA), vom „Department of Health, Education and Welfare" herausgegebene GLP-Bestimmungen (Nonclinical Laboratory Practice Regulations, federal register, Vol. 43, No. 247: 59986-60025, Friday, December 22, 1978, Washington, USA).
Der Rat der Organisation für wirtschaftliche Zusammenarbeit und Entwicklung (→ OECD) hat im „Beschluss betreffend die gegenseitige Anerkennung von Daten in der Beurteilung von Chemikalien" vom 12. 05. 1981 den Mitgliedsländern empfohlen, die OECD-Prüfrichtlinien und die OECD-Grundsätze der Guten Laborpraxis anzuwenden. Zweck dieser Grundsätze ist es, zur Förderung und Erhaltung der Qualität von Prüfdaten beizutragen. Sie sollen für die Behörden und die Industrie, die sich mit der Berurteilung der Eigenschaften und Risiken von Chemikalien wie Pharmazeutika, Agro- und Industriechemikalien befassen, eine zuverlässige Arbeitsgrundlage schaffen.

Good Manufacturing Practice Abkürzung: → GMP; = die Gute Herstellungspraxis (engl.)
[GMP] Von der WHO erstmals 1968 erlassene Empfehlung für die „sachgerechte Herstellungspraxis" von Arzneimitteln.
Die Richtlinien betreffen: Absicherung aller Arbeitsgänge, Vermeidung von Verwechslungen, Vermeidung von Verunreinigungen, Produktionshygiene, → Qualitätskontrolle und Dokumentation von Herstellung und Kontrolle. Die später erlassenen GMP-Richtlinien der EG sind inzwischen Allgemeingut nicht nur der pharmazeutischen Industrie geworden, sondern werden auch in der Kosmetika-Industrie beachtet. In Anlehnung an die → GMP sind inzwischen auch → GSP (Good Storage Practice) erarbeitet worden. In der Riechstoff-Industrie spricht man von einem „Code of Good Practice". Die GMP-Richtlinien, denen verwandte GLP- und GCP-Empfehlungen zur Seite stehen, haben auch ihren Niederschlag gefunden in den nationalen Arzneimittel- und Gefahrstoffverordnungen, in VO zur Arbeitssicherheit und zum Umweltschutz.

Good Quality Control Laboratory Practice Prinzipien der Guten Laborpraktiken für die → Qualitätskontrolle; Teil des GMP-Leitfadens der EG.

Good Review Practice Abkürzung: GRP; = Gute Nachprüfungspraxis (engl.)
Leitlinie der → FDA, in der die Art und Weise, in der Sponsoren häufig vorkommende Sicherheitsparameter in Anträgen auf Neuzulassung darstellen, standardisiert werden.

Good Service Practice
= Gute Servicepraxis (engl.)
Deutsches Pharma-Consulting für Arzneimittelzulassung und
Klinische Forschung in Oberhaching.

Good Storage Practice
= Gute Lagerhaltungspraxis (engl.)
GMP-Bereich, der sich mit der sachgemäßen Lagerung
(Lagerbereiche, Warenannahme, Lagerungsbedingungen, Umgang
mit Retouren und Reklamationen) beschäftigt.

**Good Target Animal Study
Practice**
[GCP] Von der → CVM herausgegebene Richtlinie.

Good Training Practices
Abkürzung: GTP; = Gute Schulungspraxis (engl.)
[GMP] Programm für In-house-Seminare, die speziell für die
Belange der pharmazeutischen Industrie und Wirkstoffhersteller
entwickelt wurden.

**Good Transportation
Practice**
= Gute Transportpraxis (engl.)
GMP-Bereich, der sich u. a. mit dem Lkw-Transport und der damit
verbundenen Logistik (→ Prüfmittel und Methoden zur
Überwachung der Transportbedingungen) beschäftigt.

GP
Abkürzung für „General Practioner" bzw. „General Practice";
in Großbritannien.

GPMS
Abkürzung für „Good Postmarketing Practice"; Japan.

GRAS
Abkürzung für „Generally Regarded as Safe", foods.

Grenzwert
engl.: threshold limit value; → Messabweichung, Messtoleranz
1. [Messtechnik] Durch → Spezifikation, Vorschriften usw.
zugelassener Extremwert für eine Messabweichung. Der Betrag
der Grenzwerte ist die → Fehlergrenze. Das Ausmaß einer
Überschreitung des Grenzwertes ist der → Messfehler.
2. Maximal zulässige Konzentration oder Dosis von Giften und
Schadstoffen, die auch bei langfristiger Einwirkung nicht zur
Schädigung oder Belastung des Organismus führt und die Umwelt
— einschließlich Gebäude und Sachwerte — nicht beeinträchtigt.
Grenzwerte werden abgeleitet auf der Basis des Nullrisikos
(maximale nichtwirksame Dosis).
Typische Beispiele sind MAK-Wert, MIK-Wert, MZR-Wert.
Der Grenzwert wird aus der Grenzdosis oder aus der Schwelle der
schädlichen Wirkung nach folgender Beziehung erhalten:
Grenzwert = Grenzdosis : Sicherheitsfaktor
oder

Schwelle der schädlichen Wirkung : Sicherheitsfaktor.
Je nach experimentellen Gegebenheiten und nach Zielstellung hat
der Sicherheitsfaktor Werte zwischen 10 und 1000.

Griechenland

EU-Mitgliedsstaat, der → GLP implementiert hat.
Die GLP-Überwachungsbehörde gehört zum Ministerium
für Finanzen. Das „General Chemical State Laboratory" ist
verantwortlich für alle Chemikalien. Die Prüfeinrichtungen des
nationalen Überwachungsprogramms prüfen meistens nur
Pflanzenschutzmittel und Arzneimittel. Es gibt keine bilateralen
Abkommen. Das GLP-Überwachungsprogramm gibt es seit 1995.

Großbritannien

EU-Mitgliedsstaat, der → GLP implementiert hat.
Zum Departement für Gesundheit gehört die GLP-
Überwachungsbehörde „United Kingdom GLP compliance
monitoring authority". Sie ist Teil der „Medicines Control Agency"
(→ MCA) und zuständig für alle Chemikalien. Die überwachten
Prüfeinrichtungen befassen sich mit neuen und existierenden
Chemikalien, Arzneimitteln, Tierarzneimitteln, Kosmetika,
Futterzusatzstoffen und Pestiziden.
Die routinemäßigen Inspektionen finden alle zwei Jahre statt.
Bilaterale Abkommen sind mit den USA (→ FDA und → EPA)
unterzeichnet und Memoranda mit Japan (Ministry of health and
welfare, Ministry of agriculture, fisheries and forestry and Ministry
of international trade and industry). Das GLP-
Überwachungsprogramm existiert seit 1983.

Grundkalibrierung

→ Operational Qualification (→ OQ).

Grundsatz

Regel, Gesichtspunkt, Prinzip als Grundlage einer Betrachtung.
Betrifft z. B. allgemeine Grundsätze (*basic principles*), die bei jeder
Art von medizinischer Forschung zu beachten sind.
Zusätzliche Grundsätze (*additional principles*) gelten, wenn das
Forschungsvorhaben zugleich eine medizinische Versorgung
(medical care) beinhaltet.

Gruppengröße

engl.: group size
Anzahl von Individuen, die eine Versuchs- oder Kontrollgruppe
bilden.
Die optimale Größe, die ein gesichertes Ergebnis erwarten lässt,
hängt ab von der Art der Untersuchung (*Vorversuch, Hauptversuch*)
und von der Häufigkeit, mit der ein Effekt auftritt. Ist das Ereignis
selten, werden größere (Tier)gruppen benötigt und umgekehrt.

GS

Abkürzung für „geprüfte Sicherheit".

GSP [GMP] Abkürzung für → Good Storage Practice, Gute Lagerpraxis.

GS-Zeichen Nach den Gerätesicherheits-Gesetzen mögliche Kennzeichnung von technischen Arbeitsmitteln, sofern diese einer sicherheitstechnischen Bauartprüfung bei einer anerkannten Prüfstelle unterzogen worden sind (*Sicherheitszeichen*).

Gültigkeitsdauer Gibt die Dauer an. Ist mit der Angabe des Beginndatums (Inkraftsetzungsdatum) versehen, während der eine Festlegung gültig ist.

Güte Allgemeine Bezeichnung für die Qualität und Beschaffenheit einer Ware.

Gütezeichen Wort- und/oder Bildzeichen, die als Garantieausweis zur Kennzeichnung solcher Waren oder Leistungen Verwendung finden, die bestimmte, an objektiven Maßstäben gemessene, nach der Verkehrsauffassung für die Güte einer Ware oder Leistung wesentliche Eigenschaften erfüllen. Sie sind von Markenzeichen, Qualitätssymbolen, Sicherungskennzeichen (z. B. → VDE-geprüft) und Warenzeichen abzugrenzen.

Guidance Document engl.: guidance = Führung, (An)Leitung, Orientierung
[GCP] In Zusammenarbeit von den Kommissionen, Mitgliedsstaaten und der Europäischen Arzneimittelagentur (→ EMEA) herausgegebene Anleitungen zu verschiedenen Themen.

Gutachter → Begutachter

Gute Herstellungspraxis engl.: → Good Manufacturing Practice; Abkürzung: → GMP oder → GHP.
Teil der Qualitätssicherung, der gewährleistet, dass Produkte gleich bleibend nach den Qualitätsstandards produziert und geprüft werden, die der vorgesehenen Verwendung entsprechen.

Gute Hygienepraxis [GMP] Aus diesem Bereich kommender Standard für Hygiene (Schulung und Planung), Reinigung (Grundlagen, Materialien, Räume, Personal) und → Monitoring (Luft, Oberflächen, Wasser u. a. m.).

Gute klinische Praxis

engl.: → Good Clinical Practice, → GCP
Standard für Planung, Durchführung, → Monitoring, Auditing,
Dokumentation, Auswertung und Berichterstattung von klinischen
Prüfungen, um sicherzustellen, dass die Daten und die berichteten
Ergebnisse glaubwürdig und korrekt sind und dass die Rechte und
die Integrität sowie die Vertraulichkeit der Identität der
Prüfungsteilnehmer geschützt werden.

Gute Laborpraxis

engl.: → Good Laboratory Practice, → GLP
(Straf-)gesetzlich vorgeschriebenes → Qualitätssicherungssystem,
das sich mit dem organisatorischen Ablauf und den
Rahmenbedingungen befasst, unter denen *nicht-klinische*
gesundheits- und umweltrelevante Sicherungsprüfungen geplant,
durchgeführt und überwacht werden. Das System ist ferner mit der
Aufzeichnung, → Archivierung und Berichterstattung der
Prüfungen (Versuche) befasst.
Wozu trägt GLP bei?:
– zur Verbesserung der Qualität der Prüfungen.
– zur gegenseitigen Anerkennung von Prüfungen und damit
   verbunden zum Abbau der Handelshemmnisse.
– zur Vermeidung von Doppelstudien und damit verbunden zur
   Reduzierung der Kosten und Anzahl der Versuchtiere
   (Tierschutz).
Die drei Säulen von GLP (Bereiche/Prüfungen) sind:
– Physikalisch-chemische Prüfungen (analytische Prüfungen),
– ökotoxikologische Prüfungen
– (mit → Rückstandsuntersuchungen, kinetische Prüfungen und
   Feldprüfungen) und
– toxikologische Prüfungen.
Die drei Eckpfeiler von GLP:
– Leitung der Prüfeinrichtung,
– Prüfleiter und
– Qualitätssicherung.
Eine der wichtigsten Forderungen der GLP ist, Prüfungen
nachvollziehbar zu dokumentieren. Alles, was nicht dokumentiert
wurde, ist formal nicht durchgeführt worden!
5-W-Regel (Hand-Regel, 5-Finger-Regel): *Wer hat was, wann, womit
und warum gemacht?*
GLP-pflichtig sind nur die Laboratorien, die sich mit Zulassungs-,
Erlaubnis-, Registrierungs-, Anmelde- oder Mitteilungsverfahren
beschäftigen.

Die vier Hauptelemente von GLP:
- Getrennte Verantwortlichkeiten von Management und Personal,
- unabhängige (interne) Quality Assurance,
- Einrichtung(en) und
- Dokumentation.

Die GLP-Grundsätze umfassen im Wesentlichen folgende bei der Durchführung von Prüfungen relevante **10 Bereiche**:
- Organisation und Personal,
- Qualitätssicherungsprogramm,
- Prüfeinrichtung (Räumlichkeiten/Einrichtung),
- Geräte, Materialien, → Reagenzien,
- Prüfsysteme,
- Prüf- und Referenzgegenstände,
- Standardarbeitsanweisungen (→ SOPs),
- Prüfungsablauf (→ Prüfplan/→ Rohdaten),
- Abschlussbericht und
- Archivierung.

Gute Lagerhaltungspraxis
engl.: → Good Storage Practice
[GMP] Spezialelement, das sich mit Lagerhaltung von Ausgangs-Stoffen, Verpackungsmaterialien und Endprodukten befasst.

Gute Verwaltungspraxis
engl.: → Good Administration Practice
[GMP] Diesen Vorschriften gerecht werdende Planung, Koordination und Administration von Einkauf, Produktion, → Qualitätskontrolle, Lagerhaltung, Vertrieb und Marketing.

GWP
Abkürzung für „Good Warehousing Practice",
Gute Lagerungspraxis.

GxP
Allgemeine Abkürzung für den Sammelbegriff der gesetzlichen Qualitätssysteme: → GCP, → GLP und → GMP.

GXP
Abkürzung für „Good (Pharmaceutical) Practice".

H

HACCP

Abkürzung für „Hazard Analysis of Critical Control Point".
Gesetzlich geregelter Teil eines QS-Systems, das die
Lebensmittelqualität in der Lebensmittelherstellung und in
Einrichtungen zur Gemeinschaftsverpflegung sichern soll. Generell
soll über eine → Risikoanalyse und eine Fehlervermeidungs-
Strategie die gesundheitliche → Unbedenklichkeit der Lebensmittel
garantiert werden. Spezielle Gefahrenpunkte (*CCP = Critical Control
Points*) in der Lebensmittelverarbeitung werden identifiziert, das
spezifische Risiko dieser Gefahrenpunkte beurteilt und präventive
Maßnahmen zu deren Beherrschung definiert.

Haltbarkeit

Bezeichnet die Eigenschaft eines Produktes, z. B. eines
Arzneimittels, während eines bestimmten Zeitraums, bei
ordnungsgemäßer Lagerung, unter definierten Bedingungen, die
Beschaffenheit des → Wirkstoffs und des galenischen Zustands,
insbesondere in Hinblick auf Qualität und Wirkung, nicht zu
verlieren.

Haltung

engl.: husbandry
Unterbringung von → Versuchstieren zur Zucht, zur Breitstellung
für Versuche und während des Versuchs unter für die jeweilige
Tierart entsprechenden Bedingungen. Es wird unterschieden
zwischen Außen- und Innenhaltung, Käfig- und Boxenhaltung,
→ Einstreu- und Rosthaltung, offener (konventioneller) und
geschlossener (z. B. Barriere- oder SPF-Haltung, Luftstromregal)
Haltung.

Haltungsbedingungen

engl.: conditions for holding
Verhältnisse, unter denen Tiere gehalten werden. Sie müssen der jeweiligen Tierart und -größe adäquat, d. h. tierschutzgerecht sein. Dies betrifft den Raum (Käfig- bzw. Boxengröße), Fläche je Tier, → Einstreu, Auslauf und Klimaansprüche (Temperatur, Luftwechsel und Luftfeuchtigkeit sowie Lichtzyklus), die hygienischen Bedingungen und die Betreuung (Reinigungszyklus, Fütterung). Die Haltungsbedingungen sind Teil der Umwelt der → Versuchstiere und beeinflussen damit das Versuchergebnis.

Handling

= Handhabung (engl.)
z. B. für die Adaption von → Versuchstieren an die Berührung oder das Ergreifen durch den Menschen.

Handlungspackung

Das Behältnis sowie alle Packungselemente samt → Packungsbeilagen und zudem mit allen Bestandteilen und den jeweiligen Kennzeichnungen versehen, mit denen das Arzneimittel in Verkehr gebracht wird.

Harmonized Standard

Harmonie, grch.: Fügung
Ausgewogenes, ausgeglichenes Verhältnis, Einklang, Eintracht. Europäische Norm (EN), die von allen Mitgliedsstaaten akzeptiert und im „Official Journal of the European Communities" veröffentlicht wurde.

Hauptstempel

Bestehend aus dem → *Eichzeichen* (ein geschwungenes Band mit dem Buchstaben D, die Ordnungszahl der Eichaufsichtsbehörde und ein sechsstrahliger Stern) und dem *Jahreszeichen* (die beiden letzten Ziffern des Jahres der → Eichung). Der Hauptstempel kennzeichnet eine geeichte Waage. Zusätzlich wird zur Information ein runder Aufkleber aufgebracht, auf dem das Ablaufdatum der Eichung eingetragen ist.

Headquarter reviewer

Institution, für die der → Reviewer (FDA-Inspektor) arbeitet.

Healthy Volunteer

Volontär, franz.: ohne oder nur gegen eine kleine Vergütung zur beruflichen Ausbildung Arbeitender.
Eine gesunde Person, die einwilligt, an einer klinischen Studie teilzunehmen, lediglich mit dem Anspruch auf medizinische Leistungen und der Zusage, dass keine die Gesundheit beeinflussende Nebenwirkungen bekannt sind.

Heijunka Japanische Bezeichnung für eine Harmonisierung des Produktionsflusses im Sinne eines mengenmäßigen Produktionsausgleichs. Entstammt dem „Toyota Production System" (TPS) und kann als Bestandteil des Just-in-Time-Gedankens (→ JiT) angesehen werden. Kennzeichnend ist das Fließprinzip (*Continuous Flow Manufacturing*, CFM) mit kurzen Transportwegen und der Tendenz zur Komplettbearbeitung.

Herstellen Umfasst das Gewinnen, das Anfertigen, das Zubereiten, das Be- und Verarbeiten, das Umfüllen einschließlich des Abfüllens und des Verpackens eines Produktes.

Hersteller Produzent
Inhaber einer gesetzlich geregelten Genehmigung zur Herstellung von definierten Produktgruppen.

Herstellung Produktion
Umfasst alle Arbeitsgänge wie Beschaffung von Material und Produkten, Produktion, → Qualitätskontrolle, Freigabe, Lagerung und Vertrieb sowie die dazugehörigen Kontrollen.

Herstellungsbericht → Herstellungsprotokolle

Herstellungsleiter [GMP] Diejenige Person, die Vorgaben für die Art und Weise der Arzneimittelherstellung macht. Er kontrolliert, ob die Kennzeichnung und die Angaben in der → Packungsbeilage mit den Angaben in den Zulassungs- oder Registrierungsunterlagen übereinstimmen, zudem die Beigabe der Packungsbeilage und sorgt für die Einhaltung der Vorschriften über die Lagerung von Arzneimitteln.

Herstellungsprotokolle Aufzeichnungen, welche den Werdegang jeder Produktcharge dokumentieren, einschließlich ihres Vertriebs, sowie alle anderen Sachverhalte, die für die Qualität des Fertigproduktes von belang sind. Die Herstellungsprotokolle umfassen die Protokolle der *Chargenfertigung* (Verarbeitungsprotokolle) und der *Chargenverpackung* (→ Chargendokumentation).

Herstellvorschrift Vorschrift, welche den Prozess zur Herstellung eines Produktes beschreibt. Diese kann als Kombination von Vorschrift und → Formblatt für Prozessaufzeichnungen erstellt werden.

Historie der GLP Regulation	Geschichtlicher Überblick über die Entwicklung von GLP

	1972	Neuseeland	Testing Laboratory Registration Act Erste gesetzliche Erwähnung des Begriffes GLP
	1973	Dänemark	National testing Board Act Erster europäischer Beschluss über GLP
	1976	USA	FDA – Proposed GLP (Vorschlag für nicht-klinische Laborstudien)
	1978	USA	FDA – GLP Final Rule (Erste GLP-Vorschrift)
	1978	Europa	OECD – Expert Group on GLP (Gründung der Experten Gruppe GLP)
	1982	Europa	OECD – GLP Principles
		Japan	GLP Notification (Bekanntmachung)
	1990	BRD	→ ChemG vom 14.03.1990

Höchstlast
Die größte Last, die auf der Waage gewogen werden kann. Oberhalb der Höchstlast wird kein Gewichtswert mehr angezeigt.

Höchstmengenverordnung
Zum Schutz des Verbrauchers vor toxischen Stoffen und Zusatzstoffen in Lebensmitteln erlassene Rechtsverordnungen, in denen Höchstmengen (*Toleranzwerte*) von Pflanzenschutzmitteln und Pestizidwirkstoffen, Wachstumsreglern und Schwermetallen festgelegt sind, die in Lebensmitteln höchstens vorhanden sein dürfen. Die zulässigen Höchstmengen (in mg Stoff pro kg Nahrung) entsprechen der toxikologisch duldbaren Rückstandsmenge. Die Kontrolle erfolgt durch die chemischen Untersuchungsämter, die pro Jahr etwa 12.000 Proben analysieren. Bei 1-3 % der Proben werden Überschreitungen festgestellt. Der von der WHO festgelegte → ADI-Wert ist die Basis für toxikologisch vertretbare Höchstmengen unter der Annahme „durchschnittlicher" Verzehrgewohnheiten.

Human subject
Versuchsperson
Person (klinisch gesund oder als Patient), die an einer klinischen Prüfung teilnimmt.

Huriet Law
Französisches Regelwerk, das den Beginn und die Durchführung einer klinischen Prüfung vorschreibt.

Hygiene
[GMP] Sauberkeit und Reinhaltung.

Hygieneanforderungen
Qualitative und quantitative Kriterien zur Definition und Überwachung der → Hygiene.

Hygienebeauftragter

[GMP] Qualifizierte Fachkraft in diesem Bereich, die dafür sorgt, dass alle Hygieneprogramme und -maßnahmen von jedem Mitarbeiter verstanden und befolgt werden.

Hygienekontrolle

engl.: hygienic monitoring
Kontrolle, insbesondere mikrobiologische Prüfung auf Einhaltung der Hygienevorschriften. Umfasst die Wirksamkeitskontrolle von Desinfektions- und Sterilisationsmaßnahmen aber auch die Prozesskontrolle der Trink- und Brauchwasserbereitung, die regelmäßige, i. d. R. vierteljährliche bakteriologische Untersuchung des mit Versuchtieren in Berührung kommenden Personals auf bestimmte Krankheitserreger und die Stichprobenkontrolle von Personen auf Einhaltung personalhygienischer Anweisungen.

Hygieneplan

Hygiene, vom grch.: hygieinós = der Gesundheit zuträglich
1. (Labor-)Anweisung, die das aktuelle Prozedere (eingesetzte Mittel, Zeitabstände, usw.) bezüglich Reinigung und Desinfektion der betreffenden Räumlichkeiten und Einrichtungen beschreibt.
2. Hygienemaßnahmen, die z. B. durch Unfallverhütungsvorschriften (→ UVV) der Berufsgenossenschaften vorgeschrieben sind.
3. [GMP] Ursprünglich aus dem Bereich der Herstellung von Arzneimitteln stammend.
Folgende Punkte können inhaltlich relevant sein:
– Personalhygiene,
– Produktionshygiene,
– Kontaminationsquellen,
– Reinigung und Desinfektion,
– Mikrobiologisches Monitoring und
– Hygieneschulung.

Hygieneschulung

[GMP] Diesbezügliche Forderungen, die alle Mitarbeiter in der Pharmaproduktion betrifft. Hygienisches Verhalten in der Pharmaproduktion ist die Grundlage für die Herstellung von Arzneimitteln. Jeder Mitarbeiter muss die hygienischen Anforderungen, die von ihm erwartet werden, kennen und auch in der täglichen Praxis befolgen.
Sie umfasst die *Grundlagen der Mikrobiologie* und Personalhygiene, die *Personalhygiene* speziell (Gesundheitsüberwachung, Bekleidung, Händehygiene),
die *Produktionshygiene* (Kontaminationsquellen, Hygienezonen, → Hygienepläne),

die *Reinigung und Desinfektion* (Reinigungsmittel,
Reinigungsmethoden, Reinigungspläne, Kontrolle der Reinigung)
sowie
die *Dokumentation und* → *Audits im Hygienebereich*.

Hygienezonen   Bereiche gleicher Hygieneanforderungen (→ Zonen).

I

IB	Abkürzung für → Investigators Brochure.
IC	Abkürzung für → Informed Consent.
ICH	Abkürzung für „International Conference on Harmonisation"; Internationale Konferenz zur Harmonisierung (von Zulassungsanforderungen für Arzneimittel). Gegründet in den 80er-Jahren; gemeinsam von den Gesundheitsbehörden und der pharmazeutischen Industrie der EU, USA und Japan getragen und organisiert, hat sie das Ziel, die Entwicklung und Zulassung von Arzneimitteln effektiver und kosteneffizienter zu gestalten. Durch die Einarbeitung von harmonisierten Leitlinien (Guidelines) sollen unnötige Wiederholungen klinischer Prüfungen vermieden, die Durchführung von Tierversuchen reduziert und die → Anforderungen zum Nachweis der pharmazeutischen Qualität harmonisiert werden, ohne die Wirksamkeit, → Unbedenklichkeit oder Qualität zu vernachlässigen. Zurzeit werden etwa 40 Themen (Topics) behandelt. Mit der → VICH wurde ein vergleichbares Projekt auch für die Tierarzneimittel gestartet.
ICS report	Abkürzung für „Integrated Clinical/Statistical report".
IDMC	Abkürzung für → Independent Data-Monitoring Committee.
IEC	Abkürzung für → Independent Ethics Committee.
IMP	Abkürzung für „Investigational Materials Plan".

Impartial witness	= vermittelnder Zeuge (engl.) Person, die Analphabeten, die an einer klinischen Prüfung teilnehmen, hilft, die geschriebenen Informationen zu verstehen. Sie muss unabhängig von der Studie sein und darf nicht die Studienteilnehmer beeinflussen.
IMS	Abkürzung für → Integriertes Managementsystem.
Inclusion criteria	Einschlusskriterien Kriterien, die ein Teilnehmer an einer klinischen Prüfung erfüllen muss.
IND	Abkürzung für „Investigational New Drug Application" (→ FDA); auch → TIND. Antrag an die FDA zur klinischen Prüfung eines Arzneimittels oder Invitro-Diagnostikums.
Independent Data-Monitoring Committee	Abkürzung: → IDMC Gremium, das vom → Sponsor gebildet wird, um den Verlauf einer klinischen Prüfung zu beobachten und dem Sponsor zu empfehlen, wann der Versuch verändert oder eventuell vorzeitig beendet werden sollte.
Independent Ethics Committee	Abkürzung: → IEC Nationales unabhängiges Gremium aus Wissenschaftlern und Laien, das verantwortlich ist für die Einhaltung von Recht, Sicherheit und Wohlergehen der an einer klinischen Prüfung teilnehmenden Personen. Die gesetzliche Basis sowie Zusammensetzung, Funktion, Durchführungsmöglichkeiten etc. sind in den einzelnen Ländern verschieden.
Information	engl.: meaningful data = bedeutungsvolle Daten. Daten mit relevanter und sinnvoller Bedeutung.
Informed consent	= informative Zustimmung (engl.); Konsens, lat.: consensus = Meinungsübereinstimmung, veraltet für Genehmigung. 1. Schriftliches (in der Muttersprache des Teilnehmers der klinischen Prüfung), mit Datum und Unterschrift versehenes Dokument, in dem der Versuchsteilnehmer nach der Aufklärung und Einweisung sein Einverständnis gibt. 2. [GCP/CMV] Schriftliche Einwilligung des Besitzers, dass seine Tiere an einer Studie teilnehmen dürfen.

Inhaltsstoffe

engl.: died ingredients
Nährstoffe, die in einem Futtermittel enthalten sind und deren
→ Futterwert bestimmen.

Inhaltsverzeichnis

Inhalt; mhd.: innehalt = enthalten, das in etwas Enthaltene.
Unverzichtbarer Bestandteil am Anfang vom → Prüfplan, des
Berichts, → SOPs und anderer Dokumente.

In life audit

In life phase, → Conduct of study, → Life audit
Englischer Begriff für die Überprüfung der experimentellen Teile
einer Prüfung (während der kritischen Phasen) durch die → QSE.

In-prozess

[GCP] Begriff für die zeitliche Lage eines → Audits.

Inprozess-Kontrolle

Abkürzung: IPK
Vom Hersteller festgelegte Kontrollen und Prüfungen, die im
Verlaufe der Herstellung eines Produktes zur Überwachung und
Steuerung eines Herstellungsprozesses durchgeführt werden. Die
IPK soll gewährleisten, dass das Produkt seiner → Spezifikation
entspricht. Die Überwachung der Umgebung oder Ausrüstung kann
auch als Teil der IPK angesehen werden.

Inspektion

lat.: inspicere = hineinsehen, hineinblicken, auf etwas hinsehen;
engl.: inspection = prüfende Besichtigung, Kontrolle, Überprüfung.
1. [GMP] Untersuchung eines Betriebes oder einer Anlage zur
Bestimmung dessen, inwieweit damit verbundene Forderungen
beachtet und erfüllt werden.
2. [GLP] Man unterscheidet hier drei Arten der Selbstinspektion
durch die → QSE:
→ Study based Inspection (prüfungsbezogene Überprüfung)
→ Process based Inspection (verfahrenbezogene Überprüfung)
→ Facility based Inspection (einrichtungsbezogene Überprüfung)
Zur einheitlichen Vorgehensweise dienen hierbei → Checklisten für
die verschiedenen Überprüfungspunkte.
3. [GCP] Die Durchführung einer offiziellen, behördlichen
Überprüfung (im Gegensatz zum → Audit) der Dokumente,
Einrichtungen, Aufzeichnungen und aller anderen Ressourcen,
die die zuständigen Behörden als mit der klinischen Prüfung in
Zusammenhang stehend erachten und die sich im Prüfzeitraum
in den Einrichtungen des → Sponsors und/oder des
Auftragsforschungsinstitutes (→ CRO) oder in anderen
Einrichtungen befindem, die von den zuständigen Behörden als
beteiligt angesehen werden.

4. Behördliche Inspektion:
Begutachtung der Einhaltung von Prinzipien, welche von Amtspersonen (Behörden) der kompetenten Stellen durchgeführt wird. Die Inspektion wird vor Ort (im Betrieb) durchgeführt.

5. Selbstinspektion:
Unabhängige Überprüfung, durchgeführt von interen oder externen Experten des Unternehmens, um die Anwendung und Beachtung der Regeln und um ihre Übereinstimmung mit den Grundsätzen der Qualitätssicherung festzustellen und zu überwachen sowie um Vorschläge für notwendige Korrekturmaßnahmen zu machen.

Inspektion einer Prüfeinrichtung

engl.: test facility inspection; offizielle, behördliche Überprüfung
[GLP] Eine an Ort und Stelle durchgeführte Untersuchung der Verfahren und Arbeitsweisen der → Prüfeinrichtung zur Beurteilung, inwieweit die GLP-Grundsätze eingehalten werden. Während der Inspektion werden Organisationsstrukturen und Arbeitsabläufe in der Prüfeinrichtung untersucht, verantwortliches technisches Personal befragt sowie die Qualität und Integrität der in der Einrichtung gewonnenen Daten beurteilt und in einem Bericht (→ Inspektionsbericht) zusammengefasst.
Dies umfasst *sieben Phasen*:
– Vorinspektion, Besichtigung, Festlegung des Inspektionsverlaufs
– Einführungsbesprechung
– Inspektion von laufenden Prüfungen
– Study audit
– Qualitätssicherungsprogramm
– Abschlussbesprechung
– Erstellen des Inspektionsberichtes

Inspektionsarten bei Selbstinspektion

[GMP] Sie umfassen u. a.:
– konzernweite Selbstinspektion
– firmeninterne Selbstinspektion
– abteilungsinterne Selbstinspektion
– Lieferanten-Audits
– Audits bei Lohnherstellern und Lohnanalytikern.

Inspektionsbericht

engl.: inspection report
[GLP] Bericht, der nach Abschluss der → Inspektion einer → Prüfeinrichtung von den Inspektoren erstellt wird. Er enthält sowohl Übereinstimmungen als auch Mängel der Prüfeinrichtung, aber auch Angaben darüber, welche Prüfkategorien in Übereinstimmung mit den GLP-Grundsätzen angewandt werden.

Inspektionskommission

engl.: inspection team
Von den zuständigen Landes- bzw. Bundesbehörden gebildete [GLP] Kommission von Inspektoren, in der mindestens die Fachbereiche für Arzneimittel, Chemikalien und Pflanzenschutzmittel vertreten sind.
Aufgaben:
– Vorbereitung der Inspektion,
– Durchführung der Inspektion,
– Erstellen des Inspektionsberichts und
– Beurteilung des Inspektionsberichts.

Inspektionsmethoden

Die klassischen Inspektionsmethoden sind:
– Trace forward (vorbeugend)
– Trace back (rückwirkend)
– Produktspezifisches Audit
– Compliance-Audit
– Document Trail
– Random-Audit
– Registration-Audit

Inspektor

= Beschauer, Prüfer (lat.); engl.: inspector; weibliche Form: *Inspektorin*.
Allgemein: mit bestimmten Aufgaben betraute Person in Großbetrieben.
1. Angehöriger der Behörde für die → Überwachung der Einhaltung der GLP-Grundsätze oder ein von ihr Beauftragter, der Inspektionen von Prüfeinrichtungen oder Überprüfungen von Prüfungen vornimmt.
Der Inspektor sollte eine abgeschlossene Hochschulausbildung in den für die Inspektion wesentlichen Fachgebieten haben und auch über entsprechende Erfahrung verfügen.
2. Mitarbeiter im → Qualitätssicherungsprogramm einer Prüfeinrichtung.
Die Festlegung der notwendigen Qualifikation solcher Personen liegt in der Veranwortung der Leitung der Prüfeinrichtung.

Installation Qualification

= Installationsqualifizierung (engl.), Abkürzung: → IQ
Die dokumentierte Prüfung und der Nachweis, dass ein technisches System seinen festgelegten Vorgaben zum Zeitpunkt der Erstinbetriebnahme entspricht, dass es entsprechend seiner → Designspezifikation installiert wurde. Prüfungskriterien umfassen Richtigkeit, Vollständigkeit, Zweckmäßigkeit, Sicherheit, Vorsorge zur Betriebsbereitschaft (inklusive Reinheit, Vorprüfungen, Schulungen, Einbindung in präventive Wartungs- und Kalibrierungsprogramme, Dokumentation, Fertigung und Installation) und Betriebsbereitschaft.

Instandhaltung

umfasst die Gesamtheit der Massnahmen zum Bewahren und Wiederherstellen des Sollzustandes sowie zum Feststellen und Beurteilen des Istzustandes für die jeweilige Betrachtungseinheit (DIN 31051), Instandsetzung alten schadhaften Materials.
Der Begriff „Instandhaltung" beinhaltet:
– Inspektion,
– Wartung und
– Instandhaltung.
Ziel der Instandhaltung ist es, sicherzustellen, dass während der Einsatzdauer einer Anlage oder eines Gerätes die Aufrechterhaltung des qualifizierten Zustandes gewährleistet ist. Weiterhin sind die technische Sicherheit, Verfügbarkeit und Werterhaltung wirtschaftlich optimal zu gewährleisten.

**Instandhaltungs-
management**

Im Rahmen der vorbeugenden Instandhaltung müssen Produktion, Management, Qualitätssicherung und Technik übergreifend zusammenarbeiten. Dabei ist von allen Beteiligten ein optimaler Zugriff auf ausgewählte, aufbereitete Anlagen- und Gerätedaten erforderlich.
[GMP] Ziel des Instandhaltungsmanagements ist es, die Kosten der Instandhaltung so zu optimieren, dass mit einem Minimum an Aufwand (Kosten) ein Maximum an Anlagen- und Geräteproduktivität (hohe Verfügbarkeit) bei Anlagen und Geräten erreicht werden kann.
Das Instandhaltungsmanagement hat folgende Anforderungen zu erfüllen:
– Gewährleistung der technischen Sicherheit der Anlagen und Geräte,
– GMP-Compliance,
– Verfügbarkeit der Geräte und Anlagen sicherstellen,
– Werterhaltung der Anlagen und Geräte und
– Optimierung und Reduzierung der Instandhaltungskosten.
Analog sind *Wartungs-* und *Kalibrationsmanagement* zu sehen.

Institution (medical)

Dazu zählt jede öffentliche oder private Person oder Einrichtung (medizinisch oder zahnmedizinisch), die eine → Klinische Prüfung durchführt.

Institutional review board

Abkürzung: → IRB
Unabhängiges Gremium aus Wissenschaftlern und Laien;
→ Independent Ethics Committee, Committee for the protection of human subjects.

Instruction Manual

engl.: instruction = Vorschrift, Instruktion, Unterweisung, Belehrung, Merkblatt, Auftrag; engl.: manual, = Handbuch, Leitfaden → Bedienungsanleitung

Integriertes Managementsystem

Abkürzung: → IMS
In einem IMS sind → Qualitätsmanagement, Umweltmanagement und oft auch das Arbeitsschutzmanagement eines Unternehmens vereint. Im Rahmen der Zeit- und Kostenersparnis werden hierbei identische Normforderungen zusammengefasst und gemeinsam umgesetzt.

Integritätsprüfung

Prüfung auf Dichtheit.

Interactivity

= Wechselwirkung (engl.)
Z. B. zwischen zwei Medikationen.

Interim Clinical Trial/ Study Report

Abkürzung: → ICS report.
→ Zwischenbericht (mit Zwischenergebnissen) während der → Klinischen Prüfung.

Interim Report

→ Zwischenbericht (Teilbericht)

Interlaboratory Assessment

Englischer Begriff für das Stadium einer → Validierung, in dem festgelegt wird, ob ein (biologischer) Test erfolgreich von einem Labor auf ein anderes übertragen werden kann. Dies kann zwei Phasen einschließen: die Vorphase (*preliminary phase*), in der die Organisation der Versuche festgelegt wird, und die Endphase (*definitive phase*), in der → Referenzsubstanzen durch akzeptierte und standardisierte Versuchsabläufe bewertet werden.

Internal consistency

Eigenschaft von geeigneten Daten, die sich nicht widersprechen.

International Council for Laboratory Animal Science

Abkürzung: ICLAS
Bis 1979 ICLA – International Committee on Laboratory Animals) Wurde 1956 auf Empfehlung des Rates für Internationale Organisation der Medizinischen Wissenschaften (CIOMS) durch Zusammenlegen der versuchstierkundlichen Aktivitäten der IUBS (International Union on Biological Sciences) und der UNESCO gegründet.
Struktur: Präsident, Generalsekretär, Governing Board.

Mitglieder: Nationalvertreter (jedes interessierte Land hat das Recht, einen Vertreter zu entsenden), je ein Vertreter der Mitglieds-Union (IUCC, IUBS, IUPS, IUB), wissenschaftliche Mitglieder (Vertreter wissenschaftlicher Gesellschaften), assoziierte Mitglieder (Organisationen, die mit den Aufgaben des ICLAS sympathisieren) und Ehrenmitglieder.
Ziel des ICLAS ist es, die → Versuchstierkunde in ihrer ganzen Breite weltweit durch Tagungen, Stipendien etc. zu fördern.

International Index of Laboratory Animals

Von M. F. W. Festing 1968 erstmals im Auftrag des ICLA herausgegebene Liste. Sie enthält Nachweise, wo welche Versuchstierarten und -stämme weltweit vorhanden sind.
Die 5. Auflage erschien 1987 als Band 10 der „Laboratory Animal Handbooks".

Inverkehrbringen

Die systenmatische Abgabe eines Produktes an andere Personen (gleich bedeutend mit Vermarkten).

Investigational animal

= untersuchtes Tier, Versuchstier (engl.)
[GCP/CVM] Jedes Tier, das an einer Prüfung teilnimmt, auch als unbehandeltes Kontrolltier.

Investigational product

Pharmazeutische Zubereitung eines → Wirkstoffs oder → Placebo, die als Test- oder → Referenzgegenstand gegenüber einer Handelsware in einer klinischen Prüfung eingesetzt werden.

Investigational veterinary product

[GCP] = untersuchtes Tierarzneimittel (engl.)

Investigator

= Untersuchender (engl.), → Institution Versuchsansteller.
[GCP] Durch Ausbildung und Arbeit qualifizierte Person, die mit der Durchführung der Planung, Sammlung von → Rohdaten und der gesamten Überprüfung einer Studie betraut wurde.
Der → Investigator kann nicht gleichzeitig → Monitor sein.

Investigators Brochure

= → Prüfordner (engl.), Abkürzung: → IB
Zusammenstellung von klinischen und nichtklinischen Daten des Prüfpräparats, die für den Versuchsteilnehmer wichtig sind.

IPC

Abkürzung für „In-Process Control"
→ Inprozess-Kontrolle

IPRO

Abkürzung für „Independent Pharmaceutical Research Organization". (→ CRO)

IQ

Abkürzung für → Installation Qualification.
Qualifizierungmerkmal von Geräten; umfasst → Abnahme,
Kontrolle auf Vollständigkeit und Richtigkeit, Inbetriebnahme und
Gerätebuch anlegen (Installation vor Ort).

IR

[GCP] Abkürzung für „Inspection Report".

IRB

Abkürzung für → Institutional Review Board.
Independent review board; auch → CCI, → CCPPRB, → EAB, → EC,
→ IEC, → LREC, → NRB, → REB.

IRD

Abkürzung für „International Registration Document".

Irland

EU-Mitgliedsstaat, der → GLP implementiert hat.
Die GLP-Überwachungsbehörde, „The Irish national accreditation
board", gehört zum „Irish Department of Enterprise, Trade and
Employment". Die überprüften Substanzen stimmen mit der
Directive 67/548/EEC überein. Routineinspektionen finden jedes
zweite Jahr statt. Die Gesetzgebung erfolgte 1991, die irische
Überwachungsbehörde übernahm das GLP-
Überwachungsprogramm 1992.

ISO 9000 ff.

ISO 9000 Serie
Qualitätsmanagement-System, in Form einer DIN-Norm zur
Qualitäts-Sicherung in einem Unternehmen.

ISO/GLP-Protokollierung

In → Qualitätssicherungssystemen werden Ausdrucke
von Wägeergebnissen (Rohwerte) sowie der korrekten
Waagenjustierung unter Angabe von Datum und Uhrzeit sowie der
Waagenidentifikation verlangt. Am einfachsten ist dies über
angeschlossene Drucker möglich.

Italien

EU-Mitgliedsstaat, in dem → GLP implementiert ist.
Die GLP-Überwachungsbehörde „dipartimento Prevenzione"
(Department of prevention) untersteht dem Ministerium für
Gesundheit, das als Ad-hoc-Komitee arbeitet. Sie wird gebildet
von den GLP-involvierten Abteilungen des Ministeriums, wie
Departement of prevention, Department for pharmaceuticals and
pharmacosurveillance, Department of veterinary drugs, Department
of foot and nutrition und dem „Istituto superiore di sanita"
(Nationales Institut für Gesundheit). Die überwachten
Prüfeinrichtungen untersuchen medizinische Produkte,
Tierarzneimittel, Pestizide, Futterzusatzstoffe, Kosmetika und
industrielle Chemikalien.

Die Routineinspektionen finden alle zwei Jahre statt. Es existiert ein bilaterales Abkommen mit den USA (→ FDA).
Das GLP-Überwachungsprogramm besteht seit 1986.

ITS 90
Internationale Temperaturskala von 1990.
Diese gesetzlich festgelegte Skalierung der Temperatur wurde zuletzt 1990 international abgestimmt und ist bis heute gültig. In einem Kalibrier-Zertifikat werden die mit einem nach dieser Skalierung kalibrierten → Normal ermittelten Werte deshalb mit dem Index 90 versehen. Nach zahlreichen Messungen in einer Vielzahl von staatlichen Stellen gelten heute nach der ITS 90 folgende Fixpunkte:

Kupfer (Cu)	1084,620 °C
Gold (Au)	1064,180 °C
Silber (Ag)	961,7800 °C
Aluminium (Al)	660,3230 °C
Zink (Zn)	419,5270 °C
Quecksilber (Hg)	234,3156 °C
Zinn (Sn)	231,9280 °C
Indium (In)	156,5985 °C
Gallium (Ga)	29,76460 °C
Wasser (Tripelpunkt)	0,010000 °C
Argon (Ar)	−189,3442 °C
Sauerstoff (O)	−218,7916 °C
Neon (Ne)	−248,5939 °C
Helium (He)	−259,3467 °C
Absoluter Nullpunkt	−273,1500 °C

J

Jidoka

Selbststeuerndes Fehlererkennungssystem, selbststeuernde Automatisierung (Autonomation). Japanischer Begriff für ein Hilfsmittel, um auftretende Probleme zu lokalisieren und zu melden. Entstammt dem „Toyota Production System" (TPS).

Justage

Bezeichnet den Vorgang innerhalb dessen eine Wägebrücke (Lastträger) mit Gewichten genau eingestellt und das Anzeigegerät an die Wägebrücke angepasst wird.

Justageprogramm

Um die → Justage durchzuführen, wird im Anzeigegerät ein spezielles Programm – das Justageprogramm – ausgeführt.
Mit dem Ausführen dieses Programms wird eine geeichte Waage enteicht. Die Waage muss dann erneut geeicht werden.

Justiergewicht

1. extern: früher → Kalibriergewicht genannt; dient zur Einstellung oder Überprüfung der Waagengenauigkeit und ist meist zertifiziert.
2. intern: in der Waage bereits eingebaut und motorgetrieben.

Justierung

mlat.: iustare = berichtigen; → Abgleichen
Automatische, halbautomatische oder manuelle Tätigkeit, welche ein Messgerät in einen gebrauchsfertigen Betriebszustand versetzt. Feststellen des Unterschieds zwischen einem Soll- und einem Istwert. Anschließendes Justieren des Messinstruments unter Minimierung der Messwertabweichung.
Unter *Justieren* versteht man bei technischen Geräten, Einrichtungen und Maschinen, dass sie vor Gebrauch genau eingestellt bzw. eingerichtet werden. Beim Messgerät ist es das Einstellen oder Abgleichen, um systematische → Messabweichungen so weit zu beseitigen, wie es für die vorgesehenen Anwendungen erforderlich ist. Justieren von Messgeräten heißt, die Messabweichungen möglichst klein zu halten und insbesondere die vorgegebenen → Fehlergrenzen nicht zu überschreiten. Es ist somit *ein Eingriff erforderlich* (gegenüber dem Kalibrieren), der das Messgerät bleibend verändert!

Just-in-Time

Abkürzung: → JiT (JIT); lat.: just = eben, gerade, recht (veraltend); engl.: just = gerade rechtzeitig

Synonyma: *Grundeinstellung, Produktionsphilosophie.*

Logistikorientiertes, dezentrales Organisations- und Steuerungskonzept, mit dem versucht wird, unter Ausnutzung der Möglichkeiten der Informations- und Kommunikationstechnik (→ Kanban-System) Informationsnetze so zu knüpfen, dass die ganze Abstimmung von Materialzuliefer- und Produktionsterminen ermöglicht wird (fertigungssynchrone Bereitstellung). Damit wird die kurzfristige Kapazitäts- und Materialbedarfsplanung an die Fertigungs- und Auftragssituation im Sinne einer „Produktion auf Abruf" angepasst, um Materialbestände und Durchlaufzeiten gegenüber herkömmlichen Organisationsstrukturen um mehr als 50 % zu kürzen und damit Lagerhaltungskosten einzusparen.

Die *fünf Säulen* sind:

1. Beseitigung der sechs großen Verlustquellen
   - (Anlagenausfall
   - Rüst- und Einrichtverluste
   - Leerlauf und Kurzstillstände
   - Verringerte Taktgeschwindigkeit
   - Qualitätsverluste durch Ausschuss und Nachtarbeit
   - Anlaufschwierigkeiten),
2. Autonome Instandhaltung,
3. Geplantes Instandhaltungsprogramm,
4. Schulung und Training sowie
5. Instandhaltungs-Prävention.

Den Kostenvorteilen dieses integrierten Systems steht das Risiko der stark gestiegenen Störanfälligkeit gegenüber, da bei Zulieferungsverzögerungen der Produktionsprozess mangels Vorratslagerbeständen ins Stocken gerät. Außerdem werden Lagerhaltungskosten auf die Zulieferer abgewälzt, sodass sich die gegenseitige Abhängigkeit erhöht.

K

Käfig

engl.: cage
Geschlossene Haltungseinheiten aus Plastik, Metall, Holz oder Glas
zur Unterbringung (Haltung) von Tieren. Die Größe muss den
Tieren (Art, Alter, Anzahl) und dem Zweck (lang-, kurzfristig)
angepasst sein. Eine Reihe von Ländern schreiben in ihren
Tierschutzgesetzen und Verordnungen dafür Mindestmaße vor.

Käfigbesatz

Anzahl von (Versuchs)tieren pro Käfig oder Batterie (Geflügel).

Kaizen

Continuous Improvement Process (→ CIP), Kontinuierlicher
Verbesserungsprozess (→ KVP).
Japanischer Begriff aus dem „Toyota Production System" (TPS) für
Veränderung zum Besseren.

Kalibrator

Das Mess-System (Fühler, Messinstrument, Anzeigegerät), dessen
→ Richtigkeit und → Präzision bekannt sind und das zur
→ Kalibrierung des Routinegeräts eingesetzt wird.

Kalibriergewicht

Alte Bezeichnung für → Justiergewicht.

Kalibrierhierarchie

Ein Messgerät oder eine Maßverkörperung werden immer mit
einem → Normal verglichen, dessen → Abweichung wiederum
zuvor mit einem höherrangigen, also genaueren Normal bestimmt
wurde. Am Anfang dieser Kette muss ein so genanntes
→ Primärnormal existieren, das es ermöglicht, die entsprechende
physikalische Größe darzustellen, und dessen Unsicherheit die vom
wissenschaftlich-technischen Stand festgelegten Grenzen nicht
überschreitet. Nach dem Primärnormal folgt das → Bezugsnormal
und das → Gebrauchsnormal.

Kalibrier-Intervalle

Von folgenden Faktoren abhängiger Zeitraum zwischen zwei
→ Kalibrierungen:
- Messgröße und zulässiges Toleranzband,
- Beanspruchung der Mess- und Prüfmittel,
- Stabilität der zurückliegenden Kalibrierungen und
- Erforderliche Messgenauigkeit.

Das bedeutet, dass der Abstand zwischen zwei Kalibrierungen
letztendlich vom Anwender selber festgelegt und überwacht werden
muss. Die Empfehlungen der Hersteller für Kalibrier-Intervalle
liegen in der Regel bei 1–4 Jahren. (Beim Spannungsprüfer über
1 kV sogar sechs Jahre).

Kalibrierung

Kalibration; Überprüfung, vom arab.: qālib = Form, Modell
1. Feststellung des Unterschiedes zwischen dem angezeigten und
dem richtigen (wahren) Wert.
Kalibriert werden können nur Instrumente und → Messmittel.
2. [Messtechnik] Man versteht hier darunter das *Einmessen* (auf das
genaue Maß bringen), das Feststellen des Zusammenhangs
zwischen Ausgangs- und Eingangsgröße, z. B. zwischen der Anzeige
eines Messgerätes und der Messgröße, d. h. der Vergleich mit dem
wahren Wert. Fälschlicherweise wird dieser Vorgang auch als
„eichen" bezeichnet!
3. Mit der Kalibrierung sind alle Tätigkeiten erfasst, die unter
festgelegten Bedingungen eine → Messabweichung zwischen den
von einem Instrument angezeigten Werten und den bekannten
entsprechenden Werten einer gemessenen Konstanten festlegen.
Man ermittelt den Zusammenhang zwischen Messwert oder
Erwartungswert der Ausgangsgröße und dem zugehörigen wahren
oder richtigen Wert der als Eingangsgröße vorliegenden Messgröße
für eine betrachtete Messeinrichtung bei vorgegebenen
Bedingungen. In der Praxis ermöglicht das Ergebnis einer
Kalibrierung die Festlegung von Werten, wenn die von einem
Instrument angezeigten Werte von den Werten nationaler
Referenzwerte abweichen. Bei Durchführung systematischer
Korrekturen führt eine Kalibrierung außerdem zu einer geringeren
Messunsicherheit (EN ISO 9901).
4. Bei benannten Skalen wird durch das Kalibrieren der Fehler der
Anzeige eines Messgerätes oder einer Messverkörperung unter
Berücksichtigung der Erdbeschleunigung festgestellt, d. h. zum
Beispiel, die Waage arbeitet wieder im Wägemodus.
5. Kalibrieren heißt, die → Messabweichungen feststellen, ohne dass
dabei ein technischer Eingriff erfolgt! Der Eingriff verändert nicht
das Messgerät.

6. Das Ergebnis einer Kalibrierung erlaubt auch das Ermitteln oder Schätzen von Messabweichungen des Messgerätes, der Messeinrichtung oder der Maßverkörperung oder die Zuordnung von Werten zu Teilstrichen auf beliebigen Skalen.

7. Die Kalibrierung von Messmitteln hat mit international anerkannten → Normalen (*Kalibriermaß*) zu erfolgen. Die → Rückverfolgbarkeit bzw. Rückführbarkeit auf andere Normale muss herstellbar sein. Bei der Kalibrierung einer Messverkörperung wird der Zusammenhang zwischen dem aufgedruckten Wert und dem entsprechenden wahren oder richtigen Wert der Messgröße ermittelt. Im Allgemeinen bedeutet dies, die Abweichung zwischen der Anzeige und den als Normal verwendeten → Prüfmitteln zu ermitteln.

Anmerkung:

Bei der Kalibrierung im engeren Sinne wird der Zusammenhang zwischen den Messwerten (oder auch einem arithmetischen Mittel mehrerer unter Wiederholungsbedingungen gewonnener Messwerte) und dem vereinbarten richtigen Wert der Messgröße ermittelt. Dieser Zusammenhang dient als Grundlage für die Erstellung einer Korrektionstabelle, die Ermittlung von *Kalibrierfaktoren* oder einer (empirischen) *Kalibrierfunktion*. Die Kalibrierfunktion kann als Schätzung der theoretischen Kalibrierfunktion betrachtet werden, die den funktionalen Zusammenhang zwischen dem zur Ausgangsgröße gehörenden Erwartungswert und dem wahren Wert der Messgröße darstellt.

Kalibrierschein

Dokumentiert die messtechnischen Eigenschaften eines Gerätes oder eines → Prüfmittels (z. B. Gewicht) sowie die Rückführbarkeit auf das nationale → Normal. Es ist kostenpflichtig.

Kalibrierstandard

Kalibrierstandards sind Substanzen (oder Lösungen dieser Substanzen), die zur → Kalibrierung eines Messgerätes (z. B. pH-Meter, UV-Detektor) verwendet werden. Diese Kalibrierstandards müssen internationalen Normen (wie z. B. DIN, NIST) entsprechen und/oder ein → Analysenzertifikat sollte vorliegen. Kalibrierstandards dienen zur Überprüfung und/oder Einstellung der ordnungsgemäßen Funktion eines Gerätes (z. B. pH-Kalibrierstandards für pH-Meter, Wellenlängenkalibrierstandards für UV-Detektoren).

Kanban

Japanischer Ausdruck für „Karte" oder „Schild".
Entstammt dem „Toyota Production System" (TPS). Das Kanban-System ist ein auf Karten basierendes Konzept zur Steuerung des Material- oder Informationsflusses auf Werkstattebene. Es wird zur dezentralen Fertigungssteuerung im Rahmen des → Just-in-Time-Prinzips (JiP) eingesetzt. Die wichtigsten Systemelemente sind: Schaffung selbststeuernder → Regelkreise zwischen erzeugenden und verbrauchenden Bereichen, Verwirklichung des Holprinzips für die jeweils nachfolgende Verbrauchsstufe und kurzfristige Steuerung des Materialflusses mit Hilfe eines einfachen Informationsträgers (*Kanban-Karte*), der alle Informationen über einen Kundenauftrag enthält.

Kapazitätsanzeige

Ein ansteigendes Leuchtband im Display zeigt den belegten und noch verfügbaren Wägebereich an. Schützt vor unbeabsichtigter Überschreitung des Wägebereichs.

KD-Archiv

Konsensdokument des Bund-Länder-Arbeitskreises GLP zur Archivierung und Aufbewahrung von Aufzeichnungen und Materialien vom 05.05.1998. (veröffentlicht im Bundesanzeiger am 29.05.1998, S. 7439 ff.)

k-Faktor und Zentrifugationszeiten

Der k-Faktor ist ein Wert, der überwiegend vom Rotor bestimmt wird. Er hat Einfluss auf die notwendige Sedimentationszeit einer Zentrifuge. Allgemein gesprochen ist er ein Maß für die Sedimentationsstrecke im Gefäß, also für die Differenz zwischen dem kleinsten und größten Probenabstand von der Rotorachse. Je größer diese Strecke ist, umso länger dauert die Trennung im Gefäß. Es ist klar, dass der k-Faktor vom Winkel der Gefäße im Rotor und von den verwendeten Gefäßen selbst abhängt. Ein kleiner k-Faktor steht für eine schnellere Trennung.
Der k-Faktor wird außerdem von der Drehzahl (n) beeinflusst. Je höher die Drehzahl, desto schneller die Trennung.

$$k = \frac{\ln (r_{max} : r_{min})}{n^2} \times 2{,}533 \times 10^{11}$$

r_{min} = Abstand Rotorachse − Anfang der Sedimentationsstrecke
r_{max} = r_{min} + Sedimentationsstrecke
n = Drehzahl (m^{-1})

Der direkte Leistungsvergleich zweier Zentrifugenrotoren ist möglich, wenn man die *relative Geschwindigkeit* (t_x) einer Trennung in den beiden Zentrifugenrotoren berechnet.

$t_x = t \times (k_x : k)$

t = experimentell ermittelte Zentrifugationszeit in der Vergleichszentrifuge

t_x = benötigte Zentrifugationszeit in der Zentrifuge X

k = k-Faktor der Vergleichszentrifuge

k_x = k-Faktor der Zentrifuge X

Klinische Prüfung

engl.: clinical trial; → Clinical Study, → Klinische Studie [GCP] Jede Untersuchung am Menschen zur Entdeckung oder Überprüfung klinischer, pharmakologischer und/oder anderer pharmakodynamischer Wirkungen eines Prüfpräparates und/oder zur Erkennung unerwünschter Wirkungen eines Prüfpräparates und/oder zur Ermittlung der Resorption, Verteilung, des Metabolismus und der Ausscheidung eines Prüfpräparates mit dem Ziel, dessen Undenklichkeit und/oder Wirksamkeit nachzuweisen.

Klinische Studie

→ Klinische Prüfung

Kommissonierung

Erbringen des Nachweises, dass ein technisches System der → Spezifikation entsprechend gefertigt, installiert und der Betriebsanleitung entsprechend in Betrieb genommen wurde.

Konfektionierung

Abfüllung (ausgenommen aseptische Abfüllung) und Verpackung von Arzneimitteln.

Konformität

lat.: conformare = passend gestalten, regeln, übereinstimmend (mit der Einstellung anderer).
Übereinstimmung, gegenseitige Anpassung, gleichartige Handlungs- und Reaktionsweise von Mitgliedern einer Gruppe, Organisation oder Gesellschaft in bestimmten Situationen.
Die Erfüllung schriftlicher → Anforderungen eine Sache betreffend.

Konformitätsbewertung

[GMP] Die systematische Prüfung zwecks Feststellung, inwieweit ein Produkt, ein Verfahren oder eine Dienstleistung den festgelegten → Anforderungen entspricht.

Konformitäts-bewertungsstelle

[GMP] Die öffentlich-rechtliche oder privat-rechtliche Stelle, zu deren Tätigkeiten die Durchführung des gesamten Konformitätsbewertungsverfahrens oder einzelner Teile davon gehört.

Konformitätsprüfung Überprüfung des → Assessment Reports bei der → Akkreditierung.

Konformitätssicherung Verfahren, das zu einer Vertrauenserklärung führt, wonach ein Erzeugnis, ein Verfahren oder eine Dienstleistung die vorgeschriebenen → Anforderungen erfüllt.

Konformitätszertifikat Ein nach den Regeln eines Zertifizierungssystems ausgestelltes → Zertifikat, welches Vertrauen dafür schaffen soll, dass ordnungsgemäß identifizierte Produkte, Prozesse oder Qualitätssysteme mit Normenspezifikationen oder anderen normativen Dokumenten konform sind.

Konsens-Dokument engl.: consensus document; lat.: consensus = Übereinstimmung. Dokumente des deutschen Bund-Länder-Arbeitskreises → GLP mit den Übereinstimmungen der Meinungen und Standpunkte zu GLP-Fragen.

Konsens-Dokument der BLAK-GLP zur Archivierung Vom 14.10.1993
Es beinhaltet folgende Punkte:
I. Archivierung und Aufbewahrung
   1. Anwendungsbereich
   2. Begriffsbestimmungen und Erläuterungen
   3. Anforderungen an ein Archiv
   4. Mikroverfilmung von Unterlagen
   5. Unterlagen auf EDV
   6. Unterlagen auf optischer Speicherplatte
II. Aufbewahrung von Mustern und Proben
   1. Aufbewahrung von Mustern
   2. Aufbewahrung von Proben

Kontrollblätter „Die bei der Prüfung verwendeten Geräte sind in regelmäßigen Zeitabständen gemäß den Standard-Arbeitsanweisungen
– zu überprüfen,
– zu reinigen,
– zu warten
– und zu kalibrieren."
Dieser schriftliche Nachweis (→ Dokumentation) erfolgt üblicherweise mittels so genannter Kontrollblätter. Sie sind Bestandteil des Gerätebuchs. Man unterscheidet Kontrollblätter für
→ *Funktionsüberprüfung* (Temperatur)
→ *Kalibrierung/Justierung* (pH-Meter, Waage, Volumenmessgeräte)
→ *Reinigung/Wartung/Reparatur*

Reinigungsarbeiten:
- Abstauben,
- Abwischen,
- Ausspritzen,
- Desinfizieren,
- Kehren,
- Polieren,
- Wachsen und
- Waschen.

Wartungsarbeiten:
- Abschmieren,
- Abtauen,
- Lackieren/Rostschutz,
- Überprüfen elektrischer Anschlüsse,
- Wechseln von Batterien, Betriebs-, Kühl- oder Schmiermitteln, Dichtungen, Druckerpatronen (Toner), Filter, Papier/Folie, Schreibfedern, Schreibband oder Sicherungen.

→*Einweisung* (Muffelofen, Zentrifugen) und
→ *Benutzung*.

Es gibt auch Kombinationen, z. B. Funktionsprüfung und Benutzung. Beispiel: Wasserdurchflussmessung bei Labor-Notduschen).

Kontrolle

vom franz.: contreôle (contre = gegen, role = Rolle, Liste); engl.: control = Herrschaft, Kontrolle, kontrollieren
Überwachung, Aufsicht, → Überprüfung
Prüfungen, Maßnahmen und präventive Überwachungstätigkeiten zur Einhaltung von Vorgaben.

Kontrollierter Bereich

[GMP] Bereich, der so konstruiert ist und beschrieben wird, dass eine Kontrolle gegen das Einschleppen von Verunreinigungen oder gegen das unbeabsichtigte Entweichen von Stoffen in diesen Bereich gewährleistet werden kann.

Kontrollleiter

[GMP] Diejenige Person, die dafür zuständig ist, dass die Arzneimittel auf die erforderliche Qualität geprüft sind, d. h., er bestimmt Art, Umfang, Dauer und Häufigkeit der Arzneimittelprüfungen. Über die Freigabe einer → Charge entscheiden er und der → Herstellungsleiter gemeinsam.

Kontrollprodukt

Zugelassenes Produkt, entsprechend den Anweisungen der Gebrauchsinformation angewandt, oder ein Placebo, das in einer klinischen Studie als Referenz zu einem zu untersuchenden Produkt, das beurteilt werden soll, eingesetzt wird.

Kontrollstreifen   Bandartige Aufzeichnung von gerätespezifischen Parametern über einen gewissen Zeitraum, z. B. Aufzeichnungen von Thermo-Hygrografen.

Korrektur   = Verbesserung, Berichtigung, Richtigstellung (lat.); engl.: → Correction
i. e. S. des Schriftsatzes; Fehlerbehebung
1. Behebung der Ursache einer → Abweichung, sodass die Voraussetzung für die Erfüllung der geforderten Bedingungen, von der abgewichen wurde, gegeben ist und die Wiederherstellung der Bedingungen in der Folge nachgewiesen werden kann.
2. [GLP] Korrektur von falschen Angaben (Text oder Zahlen) bzw. undeutlichen Angaben (verschrieben, verschmiert, unleserlich etc.) z. B. in → Rohdaten. Nicht zu verwechseln mit dem Hinzufügen von zusätzlichen Informationen (die möglichst handschriftlich mit Datum signiert sind).

Korrekturmaßnahme   Maßnahme, um die Ursache einer → Abweichung (von einer Festlegung bzw. → Anforderung) zu eliminieren und die Bedingungen zur Erfüllung der Anforderungen wieder herzustellen.

Kritischer Parameter   Parameter, welche die Qualität des Produktes, der Anlage, des Gerätes, des Verfahrens oder der Methode beeinflussen kann.
Die Bestimmung der kritischen Parameter nennt man → Critical Variable Study.

Kunde   ahd.: kundo = Kundiger, Eingeweihter
1. Käufer von Waren oder Dienstleistungen. Der Kunde ist entweder Letztverbraucher (Konsument) oder gewerblicher Weiterverwender.
2. [GMP] Allgemeine Definition: Derjenige Handelspartner, der den besseren konvertiblen Wert im Austausch für einen schlechteren konvertiblen Wert liefert.
Spezielle Definition: Organisation oder Person, die ein Produkt empfängt und dafür bezahlt.

Kundenanforderungen   [GMP] Dokumentation, die die → Anforderungen des Anwenders an eine Ware beschreibt. Sie bildet die Grundlage für das Design dieser Ware.

Kundendienst   Service
Dienstleistung eines Herstellers oder Händlers vor, während oder nach dem Kauf, i. e. S. die einem Kunden nach dem Kauf erbrachten Zusatzleistungen, die ihm den Ge- und Verbrauch der gekauften Güter erleichtern sollen. Der Kundendienst ist vor allem bei langlebigen Gebrauchsgütern ein wesentliches Verkaufsargument.

Man unterscheidet warenungebundenen Kundendienst (z. B. Parkplätze) und warengebundenen Kundendienst. Zu letzterem gehören der kaufmännische Kundendienst (Kaufberatung, Ablieferung, Gewährung von Kundenkrediten) und der technische Kundendienst (Installation, Wartung, Reparatur, Ersatzteilversorgung bei Gebrauchs- und Investitionsgütern).

Kurzzeitprüfungen

engl.: shorttime study; → Short-term Study
Physikalisch-chemische Prüfungen: Prüfungen, Untersuchungen und Messungen von kurzer Dauer (gewöhnlich nicht mehr als eine Arbeitswoche), die nach weithin gebräuchlichen Routinemethoden (z. B. OECD-Prüfrichtlinien) durchgeführt werden und zu leicht wiederholbaren Ergebnissen führen.
Biologische Kurzzeitprüfungen sind:
– akute Toxizitätsprüfungen
– Mutagenitätsprüfungen und
– akute ökotoxikologische Prüfungen.

KVP

Abkürzung für „Kontinuierlichen Verbesserungs-Prozess".
Qualitätssicherung ist nie zu 100 % realisierbar. Nur ein ständiger Prozess der kontinuierlichen Verbesserung ermöglicht es, ein QM-System permanent neu zu hinterfragen, neue Elemente zu integrieren und vorhandene Prozesse und Dokumentationen zu verbessern.
Im Rahmen von → Wiederholungs-Audits wird dies überwacht.

L

Labor

Kurzform: Lab; lat.: laborare = arbeiten; engl.: laboratory = Laboratorium
Arbeitsräume mit den erforderlichen Einrichtungen, in denen
Fachleute oder unterwiesene Personen (*Laboranten,* engl.: *laboratory
assistants*) Versuche zur Erforschung oder Nutzung
naturwissenschaftlicher bzw. technischer Vorgänge
(Messungen, Auswertearbeiten, Kontrollen usw.) durchführen.

Labor-Akkreditierung

Diese → Akkreditierung ist eine anerkannte und zunehmend
genutzte Maßnahme zur Erzeugung von Vertrauen in die
Fachkompetenz von Laboratorien. Im Bereich der chemischen
Analytik werden Laboratorien überwiegend als → Prüflaboratorien
nach ISO/IEC 17025 akkreditiert. Für die Übernahme der
Weitergabefunktion auf der hierarchisch höher gelegenen
Zwischenebene erscheinen jedoch Kalibrierlaboratorien besser
geeignet, da sie höhere → Genauigkeit liefern müssen als
Prüflaboratorien, die Endnutzer von Kalibriermitteln sind.
Die → PTB akkreditiert chemisch-analytische Laboratorien
(z. B. Industrielaboratorien, Referenzlaboratorien und Laboratorien
von → Referenzmaterialherstellern) auf deren Wunsch als
→ Kalibrierlaboratorien des Deutschen Kalibrierdienstes
(→ DKD) für die Messgrößen: pH-Wert, elektrische Leitfähigkeit,
Stoffmengenkonzentration von → Analyten der klinischen Chemie
(Elektrolyte und organische Bestandteile des Blutes), und
Stoffmengenanteile in Gasgemischen.
Ein wesentlicher Bestandteil der Akkreditierung sind
Vergleichsmessungen der Antragsteller-Laboratorien mit den
zuständigen Fachlaboratorien der PTB und der BAM. Da letztere
an den internationalen Schlüsselvergleichen der metrologischen
Staatsinstitute im Rahmen des CIPM-MRA (CIPM = Comité
International des Poids et Mesures; → MRA = Mutual Recognition
Arrangement) teilnehmen, ist die internationale Vergleichbarkeit der
Messergebnisse der akkreditierten Laboratorien sowie der von ihnen
bereitgestellten Kalibriermittel gewährleistet.

Laboratoriumtiere
engl.: laboratory animals; → Versuchstiere
Tiere, die speziell für wissenschaftliche Untersuchungen gezüchtet werden.

Laborstandard
engl.: laboratory standard
Synonym: Historische Kontrolle
Im Sinne der → Versuchstierkunde Versuchergebnisse der Kontrollgruppen, die über einen längeren Zeitraum unter den „einheitlichen" Bedingungen (wie Tierstamm, Haltungs- und Pflegebedingungen) eines Labors erfasst und gemeinsam gemittelt wurden. Der Laborstandard ersetzt nicht die aktuelle Kontrolle, deren Ergebnisse am Laborstandard zu überprüfen sind. Bei fehlender Übereinstimmung ist zu überlegen, was sich gegenüber früheren Versuchen geändert hat.

Lager
In der Betriebswirtschaftslehre Bezeichnung für den Ort der geordneten Verwaltung (Aufnahme, Verwaltung, Abgabe, Verrechnung und Kontrolle) der zur Betriebsführung erforderlichen Bestände an Waren.

Lagerräume
engl.: storage rooms
Lagerräume für Käfige, Tränkflaschen, Futter, → Einstreu, Geräte, Desinfektionsmittel, Arbeitskleidung etc. müssen in ausreichender Anzahl und Größe in unmittelbarer Nachbarschaft der → Versuchstierhaltung vorhanden sein. Auch Lagerräume müssen übersichtlich, hell, leicht zugänglich, leicht zu reinigen, zu desinfizieren und entsprechend temperiert (ggf. gekühlt) sowie ventiliert sein. In größeren Versuchstierbereichen haben sich als Lagerhilfen Europaletten und entsprechende Transport-Hubwagen bewährt. Auch diese Lagerhilfen müssen leicht desinfizierbar und evtl. sterilisierbar sein.

Large-sample trials
→ Megatrials

Lastenheft
engl.: user requirements, user requirement specifications
Betreiberanforderungen
Beschreibung eines Verfahrens unter Hervorhebung der besonderen → Anforderungen des Betreibers an das betreffende technische System. Sie soll so verfasst werden, dass daraus eine allgemeine Leistungsbeschreibung bzw. Ausschreibung (d. h. ein → Pflichtenheft) zur Beschaffung einer → Sache (in der Regel ein Gerät oder eine Anlage) erstellt werden kann.

Leading QA

= leitende QA (engl.)
Federführende „Quality Assurance" (→ QA) bei den → Multi-Site
Studies. Sie muss nicht der eigentlichen → Prüfeinrichtung
angehören.

Lebensdauer

[Zuverlässigkeitstechnik] Für ein einzelnes Bauelement oder
ein zusammengesetztes, nicht mehr reparierbares System die
beobachtete Zeitdauer vom Beanspruchungsbeginn bis zum
Zeitpunkt des → Ausfalls. Sie wird überwiegend als stetige
Zufallsgröße angegeben, kann aber auch als diskrete Größe
aufgefasst werden. Die *mittlere Lebensdauer* (Erwartungswert)
ist das arithmetische Mittel der Lebensdauerwerte einer Anzahl
gleichartiger Bauelemente oder Systeme. In dem Bereich, für den
die → Ausfallraten λ als konstant angesehen werden kann, ist die
mittlere Lebensdauer der Kehrwert der Ausfallrate ($m = 1/\lambda$) und
gleich bedeutend mit dem mittleren Ausfallabstand.

Lebenszyklus

engl.: life cycle
Formeller Lebenszyklus, der die verschiedenen Entwicklungsphasen
eines Computersystems reguliert. Er besteht typischerweise aus
Machbarkeitsanalyse, Definition von Anforderungen, Design,
Implementierung, → Testphase, der Freigabe des neuen Systems
und der Betreuung des produktiv eingesetzten Systems.

**Legally acceptable
representative**

Person oder juristische Einrichtung, die autorisiert ist, unter
Berücksichtigung der gültigen Gesetze im Namen der Teilnehmer
einer Teilnahme an → Klinischen Prüfungen zuzustimmen.

Leistungsqualifizierung

→ Performance Qualification

Leitfaden

engl.: textbook, guide, manual
Dokument, in dem Forderungen festgelegt sind und näher erläutert
werden.
[GLP] Richtlinie, wie z. B. der Leitfaden zur Harmonisierung des
hierzu gehörigen Überwachungsverfahrens in der BRD, in dem die
Zuständigkeiten und Inspektoren genannt werden.

Leitstelle-GLP

Einziger Ansprechpartner für das zuständige Bundesministerium
und die → GLP-Bundesstelle sowie die Industrie in den einzelnen
Landesministerien.
Sie ernennt die Inspektoren und veranlasst die Durchführung
der Inspektion, ist die Annahmestelle für die Anträge der
→ Prüfeinrichtungen, stellt die → GLP-Bescheinigung für
Prüfeinrichtungen aus und berichtet die Inspektionsergebnisse
an die GLP-Bundesstelle.

Leitung der Prüfeinrichtung

Abkürzung: → LPE; engl.: → Test Facility Management
Personen(gruppe), die die Zuständigkeit und formale Verantwortung für die Organisation und das Funktionieren der → Prüfeinrichtung gemäß den GLP-Grundsätzen besitzt. Sie ist die Ebene der Organisation, an die der → Prüfleiter, das Qualitätssicherungspersonal, das Prüfpersonal sowie der → Archivverantwortliche letztlich berichten.
Die Leitung hat den Prüfleiter zu bestellen und ggf. zu ersetzen. Hieraus ergibt sich, dass die Leitung nicht als → Prüfleiter eingesetzt werden kann. In der Regel besteht sie aus zwei Personen: Leitung und Stellvertreter. Sie ist u. a. für folgende Einzelaufgaben verantwortlich:
– Bereitstellung von Personal, Räumlichkeiten, Ausrüstung und Material,
– Aus-, Fort- und Weiterbildung des Personals,
– Einhaltung der Gesundheitsschutz- und Sicherheitsmaßnahmen,
– Personalausstattung für die einzelnen Prüfungen,
– Ernennung des Prüfleiters und des Stellvertreters,
– Vorschriftsmäßige Abfallbeseitigung,
– Standardarbeitsanweisungen (→ SOPs),
– Etablierung und Durchführung eines QS-Programms,
– Zustimmung zum Prüfplan (in Abstimmung mit dem Auftraggeber),
– Regelung für Änderungen am Prüfplan und
– Ernennung des Archivverantwortlichen und des Stellvertreters.

Leitung eines Prüfstandortes

engl.: test site management
[GLP] Bezeichnet (soweit benannt) diejenige Person oder Personengruppe, die sicherzustellen hat, dass diejenigen Phasen der Prüfung, für die sie die Verantwortung übernommen hat, nach den hier gültigen Grundsätzen durchgeführt werden.

Lenkung externer Dokumente

Umfasst die Erfassung, Auswertung, Auflistung, Verteilung der Dokumente durch oder an die betroffenen Stellen sowie deren → Archivierung und Vernichtung.

Lenkung interner Dokumente

Umfasst die Erstellung, Prüfung, Freigabe, den Änderungsdienst, die Kennzeichnung, Auflistung, Verteilung an die betreffenden Stellen, sowie → Archivierung und Vernichtung.

Letter of Information

→ Warning Letter; ohne Beanstandungen.

Lieferschein

1. Im Lagerungsverkehr schriftliche Anweisung des Einlagerers an den Lagerhalter, das eingelagerte Gut an den im Lieferschein benannten Empfänger herauszugeben.

2. Bei Kaufverträgen, bei denen der Verkäufer dem Käufer die Ware zusendet, bezeichnet man als Lieferschein auch das *Begleitpapier*, das die Lieferung nach Art und Stückzahl näher bezeichnet und auf dessen Durchschrift der Empfänger die Lieferung quittiert. Meist erfolgt mit diesen Unterlagen auch die Rechnung.

Life audit

→ Conduct of study

Limit

Abkürzung: Lim, Kurzform für → Tragfähigkeit.

Limit of detection

Abkürzung: → LOD; → Nachweisgrenze

Limit of quantification

Abkürzung: → LOQ; → Bestimmungsgrenze

LIMS

Abkürzung für „Labor-Informations-Management-System". Spezielle Anwendersoftware zur Verarbeitung der im Labor anfallenden Daten.

Linearität

engl.: linearity
Zusammenhang zwischen Ausgangs- und Eingangsgröße (Messgröße) über den gesamten Messbereich eines Messgerätes. Obere und untere Nachweisgrenzen für die einzelnen Analysenparameter.
In der → Methodenvalidierung oder Prüfung entspricht die Linearität eines Prüfverfahrens dessen Fähigkeit, diejenigen Prüfergebnisse zu ermitteln, die innerhalb eines angegebenen Bereichs direkt proportional zur Konzentration (Menge) eines Analysenstoffs in der Probe (Matrix) sind.

Liste der Prüfungen

engl.: → Master schedule sheet
Liste(n) über laufende und abgeschlossene Prüfungen mit Angabe der Art der Prüfung, der Daten über Beginn und Abschluss der Prüfung, des Verabreichungswegs sowie des → Prüfleiters.

LKP

[GCP] Abkürzung für „Leiter der klinischen Prüfung".

LLOQ

Abkürzung für lower → Limit of quantification; niedriger als ...

LOA

Abkürzung für „Letter of agreement"; Übereinstimmungsdokument.

LOD

Abkürzung für → Limit of Detection.

Longitudinal study

Untersuchung, bei der Daten über einen langen Zeitraum von den Versuchsteilnehmern gewonnen werden (z. B. Framingham Study).

LOQ

Abkürzung für → Limit of Quantification.

Los

Die Menge einer Chemikalie, von der eine repräsentative Probe verfügbar ist, z. B. die Menge einer Chemikalie, die aus einem Tank oder Silo auf ein Fass gezogen oder abgepackt wird.

LP(E)

Abkürzung für → Leitung der Prüfeinrichtung.

LREC

Abkürzung für „Local Research Ethics Committee" (Großbritannien); auch → CCI, → CCPPRB, → EAB, → EC, → IEC, → IRB, → NRB, → REB.

Luxemburg

Luxemburg, ein EU-Mitgliedsstaat, hat die Directives 87/18/EEC und 88/320/EEC übernommen, jedoch kein eigenes GLP-Überwachungsprogramm aufgestellt.

LVP

Abkürzung für „Large Volume Parenteral"; großvolumige Injektionslösung.

M

M₁

Präzisionsgewicht als passendes Prüfgewicht für Industrie- und Handelswaagen (Toleranz III).

M der Qualitäts-management-Systeme

Die *sieben M* der QM-Systeme sind:
– Management,
– Maschinen,
– Material,
– Menschen,
– Messmittel,
– Methoden und
– Mitwelt (Umwelt).

MAA

Abkürzung für → Medicines Marketing Authorisation Application.

Machbarkeitsstudie

engl.: feasibility study/questionnaire
[GCP] Abfrage von potenziellen → Prüfärzten zur Analyse ihrer Eignung zur Teilnahme an einer → Klinischen Prüfung, z. B. durch vorbereitete Fragebögen.

Mangel

engl.: defect
1. Nichterfüllung einer auch nur beabsichtigten Forderung oder einer berechtigten, den Umständen angemessenen Erwartung für den Gebrauch einer Einheit, wobei Sicherheitsaspekte ausschließlich eingeschlossen werden. Im Gegensatz zum → Fehler hebt ein Mangel also immer auf eine Beeinträchtigung der Verwendbarkeit der betrachteten Einheit ab. Das Auftreten eines Fehlers kann, das Auftreten eines Mangels muss zwangsläufig zu Fehlfunktionen oder zur Funktionsunfähigkeit der betrachteten Einheit führen.
2. Bezeichnet auch den Zustand einer → Sache, der zu einer → Abweichung von einer Vorgabe führt oder führen kann.

Mängelprotokoll   Mängelbericht
Aufzeichnung der Mängel im Rahmen einer Überprüfung der jeweiligen Sache.

Maintenance Qualification   Abkürzung: → MQ; engl.: maintenance = Erhaltung, Instandhaltung; → Unterhaltungsqualifizierung

Major Changes   = große Veränderungen (engl.)

Management   Koordinierte Aktivitäten, um Politik und Ziele zu etablieren und diese Ziele auch umzusetzen.

Masking (Blinding)   engl.: mask = Maske, verbergen, engl.: blind = blind; Blindstudie, → Blindversuch.
[GCP/CVM] Zurückhaltung der Identität von Behandlungen für alle an der Studie beteiligten Personen.

Master Schedule   engl.: master = i. w. S. General-; engl.: schedule = Zeitplan, Programm, Verzeichnis; engl.: sheet = Blatt, Bogen Papier
1. Verzeichnis und Status aller Prüfungen; Abkürzung → MS
Dies ist eine Zusammenstellung von Informationen, die der Abschätzung der Arbeitsbelastung und der Verfolgung des Ablaufs von Prüfungen in einer → Prüfeinrichtung dient.
2. In amerikanischen Regelwerken wird ein sogenanntes → Master Schedule Sheet (MSS, Liste der Prüfungen) gefordert, das nach Prüfgegenständen geordnet ist und folgende Angaben enthält:
– Versuchsobjekt,
– Art des Versuchs,
– Datum des Versuchsbeginns,
– aktueller Stand eines jeden Versuchs,
– Name des Auftraggebers und
– Name des Versuchsleiters.
Das MSS wird unterteilt in
– MSS für *laufende* Prüfungen und
– MSS für *abgeschlossene* Prüfungen,
jeweils für einen bestimmten Zeitraum, der abhängig ist von der letzten Behördeninspektion.
3. [GLP] Als Maximalforderung wird eine Liste aller diesbezüglichen Prüfungen im Vergleich zu den anderen, im selben Zeitraum und von der gleichen Einrichtung durchgeführten Nicht-GLP-Versuchen gesehen.

Master-SOP
In dieser → Arbeitsanweisung wird die Erstellung, Gestaltung, Führung, regelmäßige Überprüfung und Aktualisierung, Genehmigung, Verteilung und Kenntnisnahme sowie → Archivierung von Standard-Arbeitsanweisungen durch eine → Prüfeinrichtung beschrieben.

Matched-pair design
Typ zweier parallel verlaufender Studien, bei denen der Untersucher identische Paare von Versuchsteilnehmern so verteilt, dass jeweils einer pro Gruppe zugeordnet ist.

Matching
→ Pairing

Max
→ Höchstlast, Maximallast
Im Eichwesen Begriff für die Obergrenze des Wägebereiches ohne Berücksichtigung der additiven → Tara.

MCA
Abkürzung für → Medicines Control Agency; Britische Gesundheitsbehörde.

Mean
= Durchschnitt (engl.), Mittelwert (arithmetical average).

MedDRA
Abkürzung für „Medical Dictionary for Regulatory Activities". Standard, der im Rahmen von ICH vereinbart wurde um die Voraussetzungen für eine elektronische Datenübermittlung in der pharmazeutischen Industrie zu gewährleisten.

Media Fill
Simulierte Abfüllung zum Zwecke der → Validierung und periodischen Überprüfung.

Medicines Control Agency
Abkürzung: → MCA
Englische, für → Klinische Prüfungen zuständige Behörde.

Medicines Marketing Authorisation Application
Abkürzung: → MAA
Antrag auf Zulassung zum → Inverkehrbringen (Vermarktung) von Arzneimitteln in der EU. Der Antrag erfolgt über ein zentrales Verfahren über die → EMEA oder dezentral über ein Mitgliedsstaat der EU (→ MMP).

Medikament
→ Arzneimittel

Medizinprodukt
engl.: medical device
Gesamtheit aller medizinischen Geräte, Bedarfsartikel, Produkte für die medizinische Labordiagnostik und medizinische Hilfsmittel für Behinderte.

Meeting
= Begegnung, (Zusammen)Treffen, Zusammenkunft, Versammlung, Sitzung, Tagung (engl.).
Offizielle Zusammenkunft zur Erörterung von Fachfragen, z. B. routinemäßige Treffen der → Prüfleiter oder QA-Mitarbeiter, in der Regel mit Einladung, Tagesordnung (→ Agenda) und Protokoll.

Megatrials
→ Large-sample trials
→ Klinische Prüfungen mit mehr als 100.000 Versuchsteilnehmern.

MEGRA
Abkürzung für „Mitteleuropäische Gesellschaft für Regulatorische Angelegenheiten".

Memorandum of Understanding
Abkürzung: → MOU
Memorandum = Denkschrift, lat.: memorandus = erwähnenswert
An eine offizielle Stelle gerichtete Schrift über eine wichtige (öffentliche) Angelegenheit.
Zwischen → FDA und den einzelnen Länderbehörden abgeschlossener Vertrag zur gegenseitigen Anerkennung von GLP-Inspektionen. Solche länderübergreifende Abkommen existieren z. B. zwischen Kanada, Frankreich, Japan, Schweden und der Schweiz mit Deutschland.

Merkmal
engl.: trait
Allgemeines charakteristsiches Zeichen, Kennzeichen.
In der Biologie versteht man darunter die kennzeichnende Eigenheit des Körperbaus, seiner Biochemie, seiner Leistung, seines Verhaltens u. a. Man unterscheidet hier:
– *individuelle* Merkmale des Einzelindividuum,
– *taxonomische* Merkmale der Gruppe,
– Unterteilt in *ursprüngliche* (plesiomorphe) und
– *abgeleitete* (apomorphe) Merkmale.
Merkmal ist die Eigenschaft, das Charakteristikum eines Untersuchungsobjekts selbst (z. B. Körpergewicht), also nicht die unterschiedliche Merkmalsausprägung (z. B. 328 g) des Merkmals.

Merkmalsausprägung
engl.: expressivity
Definierter Zustand eines Merkmals. Die Definition erfolgt je nach Merkmal durch Zählen, Messen, Wägen, visuelle Beobachtung usw.

Messabweichung
→ Messfehler
Gesamtheit aller bei einem Messvorgang auftretenden Einzelfehler. Messergebnis minus des wahren Werts der Messgröße (eines Messgerätes).

Messabweichung, relativ Messergebnis dividiert durch den wahren Wert der Messgröße (eines Messgerätes).

Messauftrag Zweckausrichtung der Messung.

Messbeständigkeit Die Fähigkeit eines Messgerätes, seine metrologischen Merkmale zeitlich unverändert beizubehalten.

Messen engl.: measure
Ist das Feststellen von Werten mit geeigneten Messgeräten, das für die Beurteilung der Wirksamkeit erforderlich und durch Besichtigung und/oder Erproben nicht feststellbar ist.
Durch Messen wird der ordnungsgemäße Zustand geprüft.

Messergebnis Der einer Messgröße zugeordnete, durch einen Messvorgang gewonnene Wert.
Berichtigtes Messergebnis: Das Messergebnis wird hinsichtlich der systematischen →Abweichung korrigiert.

Messgerät Gerät zur quantitativen Erfassung von physikalischen, chemischen u. a. Erscheinungen und Eigenschaften.
Die Einteilung erfolgt nach Messobjekt, Messgröße und Messprinzip.
Messgeräte können ein Teil einer *Messeinrichtung* sein oder auch i. e. S. eine Vorrichtung, die entweder einen oder mehrere Einheitswerte einer Messgröße verkörpert (*Maßverkörperung*), z. B. Schieblehre, oder die eine beliebige Anzahl von Elementen anzeigt (anzeigendes Messgerät, Anzeigegerät).
In der Regel besteht das Messgerät aus Messwerk (eigentliches Messsystem), Gehäuse und Zubehör (z. B. Messfühler).
Die Messanzeige erfolgt analog mittels Zeiger und Skala oder digital (Zifferanzeigevorrichtung, Display).

Messknecht Scherzhafte Bezeichnung für an einer Prüfung beteiligte Naturwissenschaftler (z. B. Analytiker).

Messmittel Zur Überprüfung von Geräten verwendete kalibrierte, national rückverfolgbare Hilfsmittel, mit denen die sogenannten *Referenzmessungen* durchgeführt werden. Messmittel, die nur einen Messgrößenwert darstellen (z. B. Endmaße, Wägestücke) werden *Maße* genannt.

Beispiele:

Maße	F_1- und E_2-Prüfgewichte (kalibriert bzw. geeicht)
Zeit	Funkuhr (Abgleich mit Atomuhr *)
Temperatur	geeichte Thermometer
pH-Wert	zertifizierte Referenzlösungen (Pufferlösungen)▲

* = Cäsiumstrahl-Zeitnormal der Physikalisch-Technischen Bundesanstalt in Braunschweig
▲ gemäß DIN 19266 und National Bureau of Standards (NBS)

Messmittelliste

Schriftliche Aufzählung der zur Verfügung stehenden → Messmittel.

Messplan

Beinhaltet die Fristen, Frequenzen, Termine, Auftraggeber und Kostenstellen zu Prüfungen mit → Nachweisgrenzen und Auftragsinstituten (→ CROs).

Messprojekt

Zusammenfassung von → Messaufträgen; Untersuchung an verschiedenen Objekten zu einem bestimmten Sponsor oder zu lokalen Analysenbereichen.

Messunsicherheit

Ein dem Messergebnis zugeordneter Parameter, der die Streuung der Messwerte kennzeichnet. Sie setzt sich aus zufälligen und systematischen Fehlerkomponenten zusammen:
Die *Zufällige Messabweichung* ist bedingt durch die Leistungsgrenze des Messgerätes. Die Messunsicherheit kann z. B. als ein Vielfaches der Standardabweichung angegeben werden.
Die *Systematische Messabweichung* ergibt sich aus der Messabweichung minus der zufälligen Messabweichung.
In der Regel liegt keine Normalverteilung vor.
Die Messunsicherheit lässt sich durch den *Vertrauensbereich* eines Mittelwerts aus mehreren Einzelmessungen charakterisieren. Das Messergebnis 10,012 mm $\pm$ 2 µm besagt z. B., dass die gemessene Länge mit einer bestimmten Wahrscheinlichkeit zwischen 10,010 mm und 10,014 mm liegt. Eine Verringerung der Messunsicherheit und damit eine Steigerung der → Genauigkeit lässt sich durch häufiges Wiederholen der Messung erreichen, sofern die Fehler zufällig sind.

Messwert

Das ist der unter bestimmten Bedingungen zu einem bestimmten Zeitpunkt als Ergebnis einer Messung ermittelte Wert der Messgröße. Er ist im einfachsten Fall bereits das Messergebnis. Der Messwert wird als Produkt aus Zahlenwert und Einheit angegeben. Auf Grund der stets auftretenden Messfehler ist er nie mit dem wahren Wert der Messgröße identisch.

Methodenvalidierung	engl.: method validation

engl.: method validation
Dokumentierte Gewährleistung, dass die Methoden, die zur
→ Validierung, → Inprozess-Kontrolle und → Qualitätskontrolle
eingesetzt werden, ihren im Voraus spezifizierten
Leistungseigenschaften entsprechen.
Leistungseigenschaften sind:
– Messintervall,
– Linearität,
– Nachweisgrenzen (quantitativ),
– Präzision,
– Wiederholbarkeit (Geräte, Tage, Laboratorien, usw.),
– Systematische Fehler,
– Spezifität,
– Empfindlichkeit bzw. Robustheit (Systemparameter,
  Interferenzen, Kreuzreaktionen).
Folgende Aspekte werden spezifiziert (Geräte werden im Voraus
qualifiziert):
– Zweck der Untersuchung,
– Methodisches Prinzip,
– Art der Probe und
– Geräte.

Min

Im Eichwesen Abkürzung für → Mindestlast.
Belastung, bei deren Unterschreitung Wägeergebnisse mit einer zu
großen → Messabweichung behaftet sein können.

Mindesteinwaage

Abkürzung: MinWeigh
Die Mindesteinwaage ist abhängig von vielen Faktoren:
Empfindlichkeit der Waage (Waagentyp), verwendete Taragefäße,
die geforderte relative Toleranzgrenze der maximalen
→ Messabweichung und die Wiederholbarkeit (gegenseitige
Annäherung aufeinander folgender Messungen derselben
Messgröße).
Mindesteinwaage-Werte aus der Praxis:

Typische Werte bei idealen Bedingungen	*Waagentyp*
< 20 mg als Mindestgewicht	Mikrowaagen
20-30 mg als Mindestgewicht	Halb-Mikrowaagen
> 30 mg als Mindestgewicht	Analysenwaagen

Mindestlast

Abkürzung: → Min
Untere Grenze des eichfähigen Wägebereichs. Die Funktion der
Waage ist auch unterhalb der Mindestlast gegeben.
Die Mindeslast steht bei geeichten Waagen auf dem Typenschild
(Eichschild). Bei nicht eichfähigen Waagen ist keine Mindeslast auf
dem Typenschild eingetragen. Unterhalb der Mindeslast darf eine
geeichte Waage nur für nicht eichpflichtige Wägungen verwendet
werden.

Mindestverwendbarkeit

Angaben von Verwendbarkeitsdaten, z. B. auf dem Etikett von
Chemikalien. Sie basieren auf dem derzeitigen Wissensstand und
gelten nur bei geeigneter Lagerung und beziehen sich stets auf die
ungeöffnete Packung. Sobald eine Packung nicht mehr original
verschlossen ist, geht die Verantwortung für die Verwendbarkeit auf
den Benutzer über. Viele Produkte bleiben auch bei Überschreiten
des Mindestverwendbarkeitsdatums dennoch einsetzbar.

Minor Changes

= kleine Veränderungen (engl.)

Mitarbeiterorientierung

Unter Mitarbeiterorientierung in einem Unternehmen kann eine
Grundhaltung verstanden werden, bei der jeder einzelne Mitarbeiter
als Träger wichtiger Fähigkeiten zur Problemlösung betrachtet und
entsprechend behandelt wird. Dem liegt die Erkenntnis zu Grunde,
dass die Wertschöpfung im Unternehmen zwar durch den Einsatz
technischer Hilfsmittel unterstützt, aber letztlich vom Menschen
erbracht und gesteuert wird. Ziel ist dabei einerseits die Hebung des
Interesses der Mitarbeiter an der Arbeit im Unternehmen,
andererseits die Nutzung der speziellen Fachkenntnisse der
Mitarbeiter zur *ständigen Verbesserung* sämtlicher Prozesse im
Hinblick auf Qualität und Produktivität.

MJV

Abkürzung für → Mutual Joint Visit.
Gegenseitiger verbindlicher Besuch von → GLP-Inspektoren, z. B.
zwischen Japan, Israel, Kanada, USA, Schweiz und BRD.

Mode

Der am meisten vorkommende Wert eines Datensatzes.

Modell

engl.: model
In der biomedizinischen Forschung ist ein Modell eine Annäherung
an morphologische, physiologische bzw. molekulare Strukturen oder
Reaktionsabläufe mit Abbildungscharakter. Es sollte den wichtigsten
(oder interessierenden) Eigenschaften des Originals entsprechen
und handbar sein (Größe, Ethik).

Modifikation	= Abmessen, Abwägen (lat.) Abwandlung, Abänderung; Schriftliche Änderung des Studienprotokolls, die vor der Anwendung des Studienprotokolls oder der Durchführung der geänderten (modifizierten) Aufgabe in Kraft tritt. Änderungen des Studienprotokolls sollten vom Studienleiter (Investigator) und Auftraggeber (Sponsor) unterschrieben und datiert und in das Studienprotokoll integriert werden.
Monitor	= Überwacher, Ermahner, Aufseher, Erinnerer (engl.) Die Person, die eine Studie „überwacht" (betreut). In seine Verantwortung fallen u. a. Kenntnisse von → GLP, Informationen über den Prüfgegenstand und deren Weitergabe an den → Prüfleiter sowie GLP-Konformität der Studie. Ein Stellvertreter muss benannt sein.
Monitoring	[GCP] Die Überwachung des Fortgangs der → Klinischen Prüfung sowie die Sicherstellung, dass sie gemäß → Prüfplan, → SOPs, → Guter Klinischer Praxis sowie den geltenden gesetzlichen Bestimmungen durchgeführt, dokumentiert und berichtet wird.
Monitoring Authority	= Überwachungsbehörde (engl.) Behörde eines Landes oder Bezirks, die die Verantwortung (alleine oder zusammen mit anderen Behörden) zur Überprüfung der GLP-Übereinstimmung (→ Compliance) von → Prüfeinrichtungen besitzt.
Monitoring Committee	→ Independent Data-Monitoring Committee.
Monitoring Study Conduct	monitoring = Überwachung, Kontrolle , study = Prüfung, conduct = Führung (engl.) In routinemäßigen Abständen stattfindende Dokumentation über den aktuellen Stand der einzelnen Phasen der Prüfungen einer Prüfeinrichtung, z. B. anlässlich von Monatsbesprechungen der → QSE festgehalten.
Monitor-Training	[GCP] Bei multizentrischen und übernationalen klinischen Prüfungen notwendiges Training vor der → Prüfarztselektion über Fortbildung, Besprechung und Diskussionsführung.
MOU	Abkürzung für → Memorandum of Understanding.

MQ

Abkürzung für → Maintenance Qualification;
→ Unterhaltungsqualifizierung.
Letzte Stufe eines Validierungsprozesses, bei der ein System
routinemäßig in bestimmten Abständen während des Einsatzes
überprüft wird (regelmäßige Wiederholung der
Qualifizierungsschritte → IQ, → OQ und → PQ).

MRA

Abkürzung für → Mutual Recognition Agreement.
Zwischenstaatliches Abkommen zur gegenseitigen Anerkennung
behördlicher Verfahren, z. B. im Bereich behördlicher
→ Inspektionen.

MRFG

Abkürzung für → Mutual Recognition Facilitation Group.

MRL

Abkürzung für „Maximum Residue Limit"; maximale
Rückstandsmenge; → Rückstandshöchstmenge.

MRP

Abkürzung für → Mutual Recognition Procedure.

MS

Abkürzung für → Master Schedule.

MSS

Abkürzung für → Master Schedule Sheet.

Muda, Mura, Muri

Drei Mu
Grundlage für die Verlustphilosophie des „Toyota Production
System" (TPS). Man betrachtet sie als Schwerpunkte des
Verlustpotenzials bzw. der Verschwendung. Die sieben Arten der
Verschwendung (sieben Muda) sind: Überproduktion, Wartezeit,
überflüssiger Transport, ungünstiger Herstellungsprozess,
überhöhte Lagerhaltung, unnötige Bewegungen und Herstellung
fehlerhafter Teile.
Die Unausgeglichenheit (Mura) drückt diejenigen Verluste aus, die
durch eine fehlende oder nicht vollständige Harmonisierung der
Kapazitäten im Rahmen der Fertigungssteuerung entstehen.
Die Überlastung (Muri) beschreibt Verluste, die durch
Überbeanspruchung im Rahmen des Arbeitsprozesses entstehen.

Multicenter Study

= multilokaler Versuch (engl.),
[GCP] Versuch, basierend auf einem → Versuchsplan, der an mehr
als einem Standort statt findet.

Multicenter Trial

→ Multicenter Study
→ Klinische Prüfung mit einem → Prüfplan, aber verschiedenen
Prüforten. Die Prüfstellen können sich in einem einzigen Staat oder
mehreren Staaten bzw. Drittländern befinden.

Multi-Site Study

engl. = Prüfung an verschiedenen/mehreren Standorten
Die → Leitung der Prüfeinrichtung hat sicherzustellen, dass bei
Multi-Site-Prüfungen klar definierte Kommunikationswege
zwischen → Prüfleiter, → Principal Investigator,
Qualitätssicherungspersonal und prüfendem Personal existieren.

Multizentrische Studie

Studie, die gemäß eines Studienprotokolls an mehr als einem
Studienort durchgeführt wird.

Muster

vom altital.: mostra = Ausstellungsstück; engl.: sample
Wirtschaft: Waren-, Gebrauchs- oder Geschmacksmuster.
[GLP] Eine Menge an Prüf- oder Referenzgegenständen.

Mutual Joint Visit

= gegenseitiger, gemeinsamer Besuch (engl.), Abkürzung: → MJV
Von der EU initiierte GLP-Behörden-Inspektion in anderen Ländern.
Die Inspektoren haben dabei Beobachterstatus. Das Team wechselt
bei jedem Besuch und besteht aus drei Inspektoren verschiedener
Mitgliedsstaaten.
Ziele:
– Harmonisierung der GLP-Überwachungsverfahren,
– Unterstützung von Staaten mit unvollständiger GLP-
  Implementierung und
– Verbesserung der Verhandlungsposition der EU-Kommission mit
  Drittländern.

Mutual Recognition Agreement

Abkürzung: → MRA
[GMP] Abkommen zur gegenseitigen Anerkennung der
Inspektionssysteme. Die wichtigste deutsche Funktionseinheit ist
die Zentrale Koordinierungsstelle der Länder im Arzneimittelbereich
(→ ZLG) in Düsseldorf.

Mutual Recognition Facilitation Group

Abkürzung: → MRFG
Gremium der → EMEA zur Erleichterung der gegenseitigen
Anerkennung bei einem dezentralen Verfahren innerhalb der
europäischen Zulassung von Arzneimitteln. Das Schiedsverfahren
wird „arbitration procedure" genannt.

Mutual Recognition Procedure

Abkürzung: → MRP
Ein für die Mitgliedsstaaten der EU „gegenseitiges
Anerkennungsverfahren" oder „dezentrales Verfahren" zur
Zulassung von Arzneimitteln.
Ein festgelegtes Verfahren, das auf der Anerkennung einer, durch
einen Mitgliedsstaat der EU erteilte nationale Zulassung beruht.

N

n
Im Eichrecht Abkürzung für Anzahl der → Eichwerte, n = Max/e.

Nacharbeit
1. [ISO] Getroffene Maßnahme an einem nichtkonformen Produkt, um die spezifizierten Forderungen wieder zu erfüllen.
2. [GMP] Produktherstellung, Wiederverarbeitung oder Umarbeitung.

Nachweis
engl.: detection = den Tatbestand beweisen.
Information, deren Richtigkeit bewiesen werden kann, und die auf Tatsachen beruht, welche durch Beobachtungen, Messung, Untersuchung oder durch andere Ermittlungsverfahren gewonnen wurden.
Bei der analytischen Beurteilung des Nachweises verwendet man folgende Abkürzungen:
n. b. = nicht bestimmbar (unterhalb der → Bestimmungsgrenze)
n. n. = nicht nachweisbar (unterhalb der → Nachweisgrenze)

Nachweisbarkeit
engl.: traceability
Steht für die (technische) Möglichkeit des Nachweises.

Nachweisgrenze
Abkürzung: NWG; → Limit of Detection (LOD).
Ist die kleinste, bei einer Einfachbestimmung mit hinreichender Sicherheit von einem Leerwert unterscheidbare Menge oder Konzentration des → Analyten.

NAI
Abkürzung für „No Action Indicated"; keine → Abweichungen von Regularien.
Eine der drei möglichen Empfehlungen (→ Recommendation) des FDA-Inspektors

Narrativer Bericht
engl.: → Report (narrative); vom lat.: narrare = erzählen
In erzählender Form darstellen; Bezeichnung für den FDA-Inspektionsbericht des → Reviewers.

NAS	Abkürzung für „New Active Substance"; Großbritannien.
NCE	Abkürzung für „New Chemical Entity"; Vorhandensein.
NDA	Abkürzung für → New Drug Application.
NDS	Abkürzung für „New Drug Study"; in Kanada für „New Drug Application".
Nebenwirkungen	Beim bestimmungsgemäßen Gebrauch eines Arzneimittels auftretende unerwünschte Begleiterscheinungen (→ adverse events). Reaktion, die schädlich und unbeabsichtigt ist und bei Dosierungen auftritt, wie sie normalerweise beim Menschen zur Prophylaxe, Diagnose oder Therapie von Krankheiten oder für die Änderung einer physiologischen Funktion verwendet werden. *Schwer wiegende* Nebenwirkungen sind solche, die tödlich oder lebensbedrohlich sind, zu Arbeitsunfähigkeit oder einer Behinderung führen, oder eine stationäre Behandlung oder Verlängerung einer stationären Behandlung erforderlich machen. *Unerwartete* Nebenwirkungen sind solche, die in der Zusammenfassung der Merkmale des Arzneimittels nicht erwähnt werden.
New Drug Application	Abkürzung: → NDA Antrag zur Produktbewilligung bei der → FDA (USA).
NGO	Abkürzung für „Nongovernmental Organization"; nichtstaatliche Institution
n. i.	Abkürzung für „not investigated"; nicht untersucht.
Nicht-geplante Änderung	Änderung, die als Folge einer Notmaßnahme eingeführt wird. Diese gilt vorerst als → Abweichung und geht nach Genehmigung in eine Änderung über (→ Change Control).
Nichtklinische Prüfung	Pharmakologische oder toxikologische Prüfung eines Arzeimittels (die nicht am Menschen durchgeführt wird).
Nichtkonformität	Nichterfüllung einer spezifizierten Forderung.

Niederlande

EU-Mitgliedsstaat, in dem → GLP implementiert ist.
Die Überwachungsbehörde „Inspectorate for health protection, commodities and veterinary public health, GLP department" gehört zum Ministerium für Gesundheit, Wohlfahrt und Sport. Die in den überwachten Prüfeinrichtungen untersuchten Chemikalien sind industrielle Chemikalien, Arzneimittel, Tierarzneimittel und Pestizide.
Es gibt zwei bilaterale Abkommen mit der → FDA und der → EPA (beide USA) sowie ein Memorandum mit Japan (Ministries of international trade and industry and Ministry of health and welfare – Pharmaceutical affairs bureau).
Das GLP-Überwachungsprogramm besteht seit 1987.

Nivellieren

Gleichmachen, franz.: zu Niveau, Niveau = Stufe auf einer Wertskala, franz. ursprünglich: Wasserwaage, verwandt mit Libelle; lat.: waagerechte Fläche, gleiche Höhenlage.
1. Die Nivellierung beseitigt, gleicht aus bzw. mildert Unterschiede.
2. Bei Waagen versteht man darunter die exakte horizontale (waagerechte) Lage des Gerätes einzustellen (*Bezugslage, Bezugsstellung*). Die korrekte Stellung ist an der am Gerät angebrachten Wasserwaage (*Nivelliereinrichtung*) erkennbar.
Die in einer Flüssigkeit befindliche Luftblase der meist aus Glas bestehenden Einrichtung muss sich dabei genau im Kreiszentrum (*Libelle*) befinden. Gegebenenfalls korrigiert man durch Drehen der Stellfüße (Nivellier-Schrauben). In der Umgangssprache heißt es dann, die Waage steht „im Wasser".
Man unterscheidet Röhren-, Dosen- und Kreuzlibellen.
Eine andere Anzeige der waagerechten Aufstellung der Waage ist das *Lot*, bei der ein hängender Pendelkonus mit Spitze über einer feststehenenden Markierung angebracht ist.
Bei Waagen mit einer sog. *Levelmatic* (Niveauausgleichsvorrichtung; Zusatzlastschale, die auf Grund ihrer kradanischen Lagerung den Schwerpunkt einer Last immer an dieselbe Stelle der Auswägeeinrichtung einwirken lässt) wird die durch eine Niveauveränderung der Waage entstandene Anzeigeänderung automatisch kompensiert.

NME

Abkürzung für „New Molecular Entity"; Vorhandensein.

Nonclinical study

→ Nichtklinische Prüfungen, z. B. biomedizinische Prüfungen ohne Versuchspersonen.

Norm	Dokument, welches Festlegungen zur Vereinheitlichung oder Regelung einer allgemeinen → Sache oder eines Ergebnisses enthält und das von einer anerkannten Institution angenommen wurde.
Normal	vom lat.: normalis = nach dem Winkelmaß gemacht, der Norm, der Regel entsprechend; → Standard, → Etalon Maßverkörperung, Messgerät, → Referenzmaterial oder Messeinrichtung zu dem Zweck, eine Einheit oder mehrere Größenwerte festzulegen, zu verkörpern, zu bewahren oder zu reproduzieren.

Beispiel: → Eichnormal.

Ein nach internationaler Übereinkunft (z. B. Meterkonvention) geschaffenes Normal wird auch als *Urmaß* bzw. *Prototyp* bezeichnet, z. B. Urmeter.

Normalwerte	engl.: normal values Tierspezifische, ggf. rasse- oder tierstammspezifische biologische Daten von gesunden, unter normalen Umweltbedingungen gehaltenen Tieren (→ Laborstandard). Das Gleiche gilt für den Menschen.
Normenforderung	[ISO] Grundsätzliche Forderung des jeweiligen Kapitels oder Unterkapitels der Norm.
Norwegen	EU-Mitgliedsstaat, in dem → GLP implementiert ist. „Justervesenet" (Norwegian Metrology and Accreditation Service) ist die zum Ministerium für Handel und Industrie gehörende GLP-Überwachungsbehörde. Das Department for Norwegian Accreditation überwacht seit 1993 alle Chemikalien. Routinemäßige Inspektionen finden alle zwei Jahre statt. Bilaterale Abkommen existieren nicht. Das GLP-Überwachungsprogramm startete 1994.
Not-approvable letter	Öffentliche Kommunikationsform, in der die → FDA dem NDA-Sponsor die wichtigsten Mängel (deficiencies) mitteilt und eine Korrektur veranlasst.
Notes	= → Notizen (engl.); vom lat.: notitia = Kenntnis.
Notice to Applicants	Abkürzung: → NTA, Adridged Applications Formale Anforderungen an die Zulassungsanträge in europäischen Verfahren. Aufbau:

– Teil I des Zulassungsantrags, bestehend aus verwaltungstechnischen Daten, Vorschlägen für die Verpackung, die Kennzeichnung und die → Packungsbeilage, Angaben zu Herstellungserlaubnissen und Zulassungen in anderen Staaten, der Zusammenfassung der Produktmerkmale des Arzneimittels – → Summary of Product Characteristics (→ SPC) mit folgenden Kapiteln:

Kapitel I   Allgemeine Einführung
Kapitel II   Gegenseitige Anerkennung
Kapitel III   Schiedsverfahren
Kapitel IV   Zentrales Verfahren
Kapitel V   Änderungen
Kapitel VI   Entscheidungsprozesse
Kapitel VII   Zusätzliche Information

– Teil II behandelt die chemisch/pharmazeutischen/biologischen Prüfungen,
– Teil III die pharmakologisch-toxikologischen Prüfungen und
– Teil IV die klinische Dokumentation.

Notizen

→ Notes
Kurze schriftiche Aufzeichnungen (als Gedächtnisstütze), die z. B. vom QA-Sachbearbeiter im Rahmen der Überprüfung von → Rohdaten gemacht werden.

NRB

Abkürzung für „Noninstitutional Review Board"; auch → CCI, → CCPPRB, → EAB, → EC, → IEC, → IRB, → LREC, → REB.

NS

1. gebräuchliche (engl.) Abkürzung für „no sample" = keine Probe.
2. [Statistik] Abkürzung für „Nicht signifikant".

NTA

Abkürzung für → Notice to Applicants (Application); Leitfaden für den Zulassungsantrag, Zulassungsdokument.

Nullpunkt

Als Nullpunkt wird bei Waagen der Punkt bezeichnet, an dem das Anzeigegerät nicht nur ein Bruttogewicht von 0 kg anzeigt, sondern auch ohne den durch die Rundung der Anzeige verursachten Fehler genau ein Bruttogewicht von 0 kg hat. Dies ist bei unbelasteter Wägebrücke der Fall.

Nullstellbereich

Der Gewichtsbereich, innerhalb dessen das Anzeigegerät manuell oder automatisch auf Null gestellt werden kann.

Nuremberg Code

Ethik-Code zur Durchführung von humanmedizinischer Forschung (1947).

O

OAI

Abkürzung für „Official Action Indicated" (schwer wiegende Abweichungen von Regularien, regulatorische Maßnahmen erforderlich).
Eine der drei möglichen Empfehlungen (→ Recommendation) des FDA-Inspektors

Objection

= Einwand (engl.), → Beanstandung
[GLP] Benennt den Verstoß gegen diesbezügliche Bestimmungen.

Objective measurement

Parameter, die nicht durch den Versuchdurchführenden beeinflusst werden können, z. B. Blutglukosespiegel oder ECG-Aufzeichnungen.

Observations

= Beobachtung, Bemerkung (engl.)
Beobachtungen eines (FDA)-Inspektors beim → Audit, die auf einem Formblatt (form 483) dokumentiert werden. Ein Exemplar erhält die überprüfte → Prüfeinrichtung, das zweite dient als Grundlage für den (→ Narrativen Bericht) und wird von einem zweiten Inspektor (→ Reviewer) gegengelesen.

Observed Inspection

Im Rahmen von → MRA-Verfahren durchgeführte → Inspektionen.

OECD

Abkürzung für „Organization for Economic Cooperation and Development" (Europäische Organisation für die Wirtschaftliche Zusammenarbeit und Entwicklung).
„Organisation de Cooperation et de Développement Économiques" (OCDE).
Am 14.12.1960 gegründete Nachfolge-Organisation der OEEC mit (1990) 24 Mitgliedsstaaten und Sitz in Paris. 1988 beherrschte die OECD 77 % des Welthandels und hatte 82 % Anteil am Weltsozialprodukt.

OECD-Dokumente

[GLP] Von der OECD verabschiedete, verbindliche Dokumente; z. Z. existieren die folgenden 11 Dokumente:

Nr. 1   Grundsätze der Guten Laborpraxis

Nr. 2   Leitfaden für die Verfahren zur Überwachung der Einhaltung der Guten Laborpraxis

Nr. 3   Leitlinien für die Durchführung von Inspektionen einer Prüfeinrichtung und die Überprüfung der Prüfungen

Nr. 4   Qualitätssicherung und → Gute Laborpraxis

Nr. 5   Einhaltung der GLP-Grundsätze durch Lieferanten

Nr. 6   Anwendung der GLP-Grundsätze auf Freilandprüfungen

Nr. 7   Anwendung der GLP-Grundsätze auf Kurzzeit-Prüfungen

Nr. 8   Rolle und Verantwortlichkeit des Prüfleiters bei GLP-Prüfungen

Nr. 9   Guidance for the Preparation of GLP Inspections Reports

Nr. 10   Anwendung der GLP-Grundsätze auf computergestützte Systeme

Nr. 11   Role and Responsibilities of the Sponsor in the Application of the Principles of GLP

Österreich

EU-Mitgliedsstaat, in dem → GLP implementiert ist.

Das Bundesministerium für Landwirtschaft und Forsten, Umwelt und Wasser, Departement I/3, ist die GLP-Überwachungsbehörde für alle Chemikalien, ausgenommen Arzneimittel und Tierarzneimittel. Diese werden vom Ministerium für Gesundheit und Verbraucherschutz überwacht. Routinemäßige Inspektionen finden alle drei Jahre statt. Es gibt keine bilateralen Abkommen mit Drittländern.

Das GLP-Überwachungsprogramm existiert seit 1989 für industrielle Chemikalien und seit 1991 für Pflanzenschutzmittel.

OIG

Abkürzung für „Office of the Inspector General".

OIML

Abkürzung für „Organisation Internationale de Méterologie Légale". Die Internationale Organisation für gesetzliches Messwesen betreibt die Vereinheitlichung des gesetzlichen Messwesens, d. h. der Eichvorschriften der einzelnen Länder. Sie gibt zu diesem Zweck internationale Empfehlungen für einzelne Messgeräte, sogenannte *OIML-Empfehlungen*, heraus. Bisher sind etwa 100 internationale Empfehlungen erschienen:

Waagen: Empfehlung Nr. 50, 51, 60, 61, 74 und 76

Gewichtsstücke: Empfehlung Nr. 1, 2, 20, 25, 47 und 52

Das ständige Büro (BIPM = Bureau International des Poids et Mesures; Internationales Büro für Maß und Gewicht) befindet sich in Paris.

OMCL	Abkürzung für „Official Medicines Control Laboratories"; Arzneimitteluntersuchungsstellen.

One-study-concept Konzept, lat.: conceptum = Entwurf, erste Fassung, grober Plan
Festgelegte Vorgehensweise einer → Prüfeinrichtung bei Prüfungen,
die teilweise in anderen (fremden) Bereichen durchgeführt werden.
Bei diesem Konzept gibt es nur einen → Prüfleiter.
→ Archiv und → QA können je nach Ort jedoch getrennt vorhanden
sein.

OOS Abkürzung für → Out of Specification; außerhalb der → Spezifikation.

Open-label Study → Open Study

Open Study = offene Studie (engl.); Gegenteil von → Double-blind Study.

Operational Qualification Abkürzung: → OQ; Betriebsqualifikation eines Gerätes;
→ Funktionsqualifizierung oder → Betriebsqualifizierung.
Dokumentierte Prüfung und Nachweis, dass ein technisches System
und dessen Teile den Funktionsangaben (Leistungsangaben) des
Herstellers entsprechen. Die Umgebungs- und Betriebsbedingungen
richten sich in erster Linie nach den Angaben des Herstellers.

Operation Manual engl.: operation = Wirkung, Wirksamkeit, Tätigkeit; engl.:
manual = Handbuch, Leitfaden.
Bedienungsvorschrift für ein Gerät usw.

Operator = Wirkender (engl.), Operateur
Auf eine Prüfungseinrichtung bezogen jene Person, die diese überprüft.

Opinion (in relation to independent ethics committee) Urteil und Verweise der → Independent Ethics Committee.

OQ Abkürzung für → Operational Qualification;
→ Funktionsqualifizierung, → Grundkalibrierung
Das aufstellungsortgebundene Qualifizierungmerkmal von Geräten;
umfasst:
– Akklimatisation,
– Überprüfung auf → Richtigkeit und → Präzision sowie
– Einweisung und -arbeitung.
– (Grundkalibrierung).
Die OQ ist der dokumentierte Nachweis, dass ein System genau das
tut, was es seiner → Spezifikation entsprechend tun soll.

Organigramm

Organogramm, Organisationsplan
[GLP] Schematische Darstellung des Aufbaus einer wirtschaftlichen Organisation (Struktur der Prüfeinrichtung).
In der Organisationslehre: grafische Darstellung der Verteilung der verschiedenen Aufgaben der einzelnen Stellen sowie deren hierarchische Verknüpfung.
Man unterscheidet:
- Vertikale-,
- Horizontale-,
- Kreis-,
- Ringsegement-,
- Sonnen- oder
- Planeten-Organigramme.

Originaldaten

engl.: → Source Data; → Quelldaten
[GCP] Alle Informationen aus Originalaufzeichnungen und beglaubigten Kopien der Originalaufzeichnungen von klinischen Befunden, Beobachtungen oder anderen Aktivitäten im Rahmen einer → Klinischen Prüfung, die für die Nachvollziehbarkeit und Bewertung der klinischen Prüfung erforderlich sind. Originaldaten befinden sich in Originaldokumenten (Originalaufzeichnungen oder beglaubigte Kopien).

Original medical record

→ Source Documents; → Rohdaten.

OTC

Abkürzung für „Over-the-Counter".
Nicht verschreibungspflichtige Arzneimttel.

Out of Specification

= ausserhalb der → Spezifikation (engl.), Abkürzung: → OOS
1993 erstmals im sog. Barr-Urteil definiert.

Outsourcing

= Auslagern (engl.)
1. Betrieb, Betriebsteile und bisher selbst wahrgenommene Aktivitäten (Herstellung von Vorprodukten, Dienstleistungs-funktionen usw.) werden ausgelagert, das heißt an andere (ggf. neu gegründete) Unternehmen übertragen bzw. vergeben. Ziel ist es, die Fertigungstiefe zu verringern und damit Arbeit und Kosten einzusparen. Die für das eigene Endprodukt benötigten Aktivitäten/Funktionen werden dann nach der Auslagerung bei den Fremdunternehmen eingekauft. Andere gebräuchliche Begriffe sind *Fremdvergabe* oder *Outplacement*.

2. [GLP] Die Vergabe prüfungsrelevanter Teile einer → GLP zertifizierten Prüfeinrichtung an einen eigenständigen, unabhängigen Subkontraktor.
Gründe:
- Firmenpolitik des Auftraggebers,
- Spezialisierung und Differenzierung der → Prüfeinrichtung,
- Fehlen technischer/räumlicher Voraussetzungen im GLP-Labor und
- Wirtschaftlichkeit von Prüfungen (intensive Ausrüstung, Saisonarbeit).

Overal safety evaluation   Periodische Sicherheit-Updates zur Beurteilung der Sicherheit eines Arzneimittels.

P

Packmittel
→ Verpackungsmaterialien für abgefüllte und etikettierte Arzneimittel.

Packungsbeilage
Gesetzlich geforderte, schriftliche Produktinformationen von Arzneimitteln (Herstellerangaben, → Waschzettel, → Gebrauchsinformation).

Paginieren
lat.: pagina = Buchseite, meist mit Zahlenangabe.
Mit fortlaufenden Seitenzahlen versehen, zur unverwechselbaren Zuordnung von Dokumenten und zum Schutz vor nachträglichen, umfangsbezogenen Änderungen (z. B. bei → Rohdaten). Dies kann manuell, EDV-mäßig oder mittels besonderer *Paginierstempel* erfolgen.

PAI
[GMP] Abkürzung für „Pre Approval Inspection"; → Vorinspektion; meist während der Entwicklung (Development).
→ Inspektion durch die FDA vor der Zulassung in den USA.

Pairing
Methode, zwei Versuchsteilnehmer mit ähnlichen Eigenschaften (z. B. Gewicht, Raucher – Nichtraucher) so zu verteilen, dass sie verschiedenen Behandlungsgruppen angehören.

Parallel design trial
→ Parallel trial

Parallel group trial
→ Parallel trial

Parallel trial
→ Parallel group trial; → Parallel design trial.
Verteilung der Versuchsteilnehmer per → Randomisierung auf die zwei Behandlungsgruppen (Präparat/→ Placebo), die über den gesamten Versuchszeitraum die gleiche Präparatgabe erhalten.

PAR	Abkürzung für „Proven Acceptable Ranges". Zulässiger Toleranzbereich, wird für z. B. Produktionsparameter in der Validierungsstudie festgelegt.
Parameter	= konstante oder unbestimmt gelassene Hilfsvariable (grch.) [Technik] die Leistungsfähigkeit einer Maschine charakterisierende Kennziffer (Größe).
Parteien	Personen mit einem direkten Interesse an einer Sache, welche in formeller und gemeinsamer Beziehung zu dieser Sache stehen, z. B. Vetragspartner, Parteien eines → Audits (auditierte Partei).
Part of the study	= Teil der Prüfung (engl.) Dieser kann z. B. von einer anderen Einrichtung durchgeführt werden. Das Ergebnis wird als → Teilbericht (mit eigener QA-Erklärung) dem → Abschlussbericht beigefügt.
Patient	lat.: patiens, patentis = erduldend, erleidend. Vom Arzt behandelte oder betreute Person; kranker Versuchsteilnehmer (einer → Klinischen Prüfung).
Patient File	Informationsunterlagen über den Versuchsteilnehmer (als Papier- und/oder EDV-Version).
PDCA-Zyklus	Deming-Zyklus; das Verbesserungssystem besteht aus vier Phasen: – Plan – Do – Check – Act
PE	Abkürzung für → Prüfeinrichtung.
Performance Qualification	Abkürzung: → PQ, Leistungsqualifikation eines Gerätes. Dokumentierte Prüfung, dass ein technisches System die vom Betreiber geforderte Prozessanforderung erbringt, und zwar unter Produktführung über den gesamten im → Lastenheft festgelegten Prozess- und Toleranzbereich. Die PQ ist der dokumentierte Nachweis, dass das System auch unter Belastung im Echtbetrieb tut, was es seiner → Spezifikation entsprechend tun soll.
Period Effect	Bestimmter Zeitabschnitt während der → Klinischen Prüfung, bei der die Versuchspersonen beobachtet, jedoch nicht behandelt werden.

Personal

mlat.: personale = Dienerschaft; engl.: personnel = Belegschaft, engl.: staff = Personal, Belegschaft.

1. Gesamtheit der in abhängiger Stellung beschäftigten Personen in einem Unternehmen oder einer Verwaltung.

2. [GLP] *Prüfpersonal*

Das an der Durchführung einer Prüfung beteiligte Personal muss fundierte Kenntnisse über diejenigen Abschnitte der Grundsätze der → GLP besitzen, die seine Beteiligung an der Prüfung berühren. Das *prüfende* Personal (→ Study personnel) muss direkten Zugriff auf den → Prüfplan und auf die seine Beteiligung an der Prüfung betreffenden → SOPs besitzen. Die Verantwortlichkeit zur Befolgung der Anweisungen in diesen Dokumenten liegt beim prüfenden Personal. Jegliche Abweichung von den Anweisungen ist zu dokumentieren und sofort dem → Prüfleiter und gegebenenfalls dem → Principal Investigator zu melden. Das prüfende Personal ist verantwortlich für die unverzügliche und genaue Erfassung von → Rohdaten in Übereinstimmung mit diesen Grundsätzen der GLP sowie für die Qualität dieser Daten.

Das Personal gilt als ausreichend qualifiziert, wenn es angelernt und unterwiesen ist über:
– die Durchführung der ihr übertragenen Arbeiten und die fachliche Ausführung,
– die möglichen Gefahren bei unsachgemäßem Handeln sowie
– die notwendigen Schutzeinrichtungen und Schutzmaßnahmen bei den Arbeiten.

Personalunterlagen

Personal-Stammdaten, Personal demographic informations, Personalakten.

Eine Sammlung über die dienstlichen und gewisse persönliche Verhältnisse von Arbeitnehmern (und Beamten), die streng vertraulich zu behandeln sind.

[GLP] In diesem Rahmen sind wichtig:
– Lebenslauf (Curriculum Vitae, → CV)
– Aufgabenbeschreibung (Job description)
– Fort- und Weiterbildung (Training)
– Einverständniserklärung (Agreement declaration) gemäß Bundesdatenschutzgesetz, BDSG, § 26
– Unterschriftenliste (Signature list)

Pflege

Wartung, Fortentwicklung (maintenance).

Modifikation nach Auslieferung eines Software-Produkts: Fehlerkorrektur, Verbesserung der Funktionsweise oder einzelner Attribute, oder Anpassung an eine veränderte Umgebung.

Pflichtenheft

engl.: functional requirements and specifications.

Die vom zukünftigen Anwender formulierte Systemanforderung. Die Sammlung der Funktions- und Leistungsanforderungen des Benutzers an ein technisches System oder eine Technologie, unabhängig von der Machart (→ Spezifikation) eines bestimmten Herstellers bzw. Lieferanten. Das → Pflichtenheft ist somit die Umsetzung des → Lastenheftes (Betreiberanforderungen) in die technischen Funktionskriterien (Technische Funktionsanforderungen) für die Auswahl eines Systems oder einer Technologie. Es umfasst mindestens Materialien, fertigungstechnische Kriterien, Designkriterien, Funktionsanforderungen und Dokumentationsanforderungen. Qualifizierungs- und Qualitätssicherungsmaßnahmen sollten Berücksichtigung finden.

Das Pflichtenheft dient als Basis für die Ausschreibung zur Anschaffung eines Systems oder einer Technologie. Es ist daher noch nicht spezifisch für einen Hersteller. Erst das bezogene System wird durch die Gerätespezifikation definiert.

Im Computerbereich wird der Begriff „Lastenheft" jedoch oft als technischer Anforderungskatalog des Betreibers und das Pflichtenheft als die Bauspezifikation eines ausgewählten Systems beschrieben, wobei das Pflichtenheft in Zusammenarbeit mit dem Hersteller eines Systems erstellt wird.

Pharmaceutical Inspection Convention

Abkürzung: → PIC; Pharmazeutische Inspektions-Konvention. Internationales Abkommen (1970) zwischen einzelnen Staaten zur Anerkennung gegenseitiger Betriebsinspektionen durch Arzneimittelbehörden.

Pharmaceutical Inspection Co-Operation Scheme

Abkürzung: PIC/S.

Erweiterung der → PIC zwecks Informationsaustausch zwischen den nationalen Gesundheitsbehörden.

Pharmacopoeia

→ Arzneibuch; → Pharmakopöe

Pharmacovigilance

= Pharmakovigilanz (engl.)

Bezeichnung für die Überwachung und Mitteilung von → Nebenwirkungen (→ Adverse Event) in einigen Ländern (Arzneimittelüberwachungssystem).

Als Frühwarnsystem in der EU wurde das „Rapid Alert System" installiert, das die Kommunikation der Behörden der Mitgliedsstaaten in schwerwiegenden Risikofällen verbessern soll.

Pharmakon

→ Wirkstoff

Pharmakopöe → Arzneibuch, → USP, → European Pharmacopoeia.

Pharmakovigilanz-Beauftragter Ein in der BRD Stufenplan-Beauftragter; vom Unternehmen bestimmte Person, die periodisch Berichte zur Risikoerfassung erstellt und den Behörden als Ansprechpartner für Informationen auf dem Gebiet der Arzneimittelsicherheit zur Verfügung steht.

Phase = Abschnitt einer stetigen Entwicklung, Zustand (grch.)
[GLP] Phase of the study, → Teil der Prüfung.
Die Überprüfung der Prüfungen (study based inspection) durch die → QSE erfolgt in drei Phasen:

Phase I	Überprüfung der Planung (→ Prüfplan und → Prüfplanänderungen)
Phase II	Überprüfung der (experimentellen) Durchführung an den kritischen Punkten, Experimental phase, → Conduct of study
Phase II (a)	Überprüfung einer praktischen Tätigkeit vor Ort
Phase II (b)	Überprüfung des Berichts über Teiluntersuchungen in einer beteiligten Abteilung außerhalb der Prüfeinrichtung
Phase III	Überprüfung des Entwurfs des → Abschlussberichtes

Phase 1 unit Einheit, in der die → Klinische Prüfung an normalen, gesunden Personen durchgeführt wird, z. B. ein spezieller Bereich einer Klinik oder ein → CRO.

Phases of clinical trials Phasen der → Klinischen Prüfung
Klinische Prüfungen sind generell in 4-5 Phasen unterteilt. Dabei können zwei oder mehr Phasen gleichzeitig in verschiedenen Prüfungen stattfinden bzw. in einigen Prüfungen zwei verschiedene Phasen überlappen.

– Phase 1 Studien:
Initial saftey trials (Erste Sicherheitsstudien)
Prüfung eines neuen Arzneimittels, bei dem der verträgliche Dosisbereich und andere pharmakokinetische Parameter an etwa 20-80 gesunden Probanden untersucht wird. Wenn es die medizinische Entwicklung zulässt, können auch Untersuchungen an Kranken erfolgen (z. B. bei AIDS oder Krebs).

– Phase 2a Studien:
Pilot clinical trials (Klinische Pilot Studien)
Untersuchung der Wirksamkeit und Sicherheit an ausgewählten Populationen von etwa 100-300 entsprechend erkrankten Patienten. Oft werden diese Studien an Krankenhauspatienten durchgeführt, da hier eine bessere Überwachung (→ Monitoring) möglich ist.

– Phase 2b Studien:
Gut kontrollierte Studien zur Evaluierung der medizinischenWirksamkeit und Sicherheit an entsprechend erkrankten Patienten. Man nennt diese Studien auch → Pivotal trails (engl.: pivotal = den Angelpunkt bildend, kardinal ...).

– Phase 3 Studien:
Multicenter-Studien in Populationen von 1.000-3.000 entsprechend erkrankten Patienten (oder mehr). Die gewonnen Daten bezüglich Wirksamkeit und Sicherheit werden für den Zulassungbericht (Support) verwendet. Hier werden viele Informationen gefunden, die später in den → Beipackzetteln und auf dem Etikett der Arzneimttelverpackung stehen.

– Phase 3b Studien:
Studien nach der Einreichung der Zulassung, jedoch noch bevor es auf den Markt kommt. Die gefundenen Informationen sollen in der Regel Aussagen von früheren Studien bekräftigen bzw. präzisieren.

– Phase 4 Studien:
Studien, nachdem das Medikament im Handel ist. Die Versuche sollen Bedingungen über die Produktwirksamkeit und -sicherheit untermauern. Die teilnehmenden Patienten kommen aus verschiedenendemografischen Gruppen. Ein besonderer Aspekt ist die Untersuchung auf → Nebenwirkungen.

– Phase 5 Studien
Primär beobachtende und nichtexperimentelle Studien. Unter dem Begriff „postmarketing surveillance" werden sie manchmal auch zu den Phase 4 Studien gezählt.

PhVWP	Abkürzung für „Pharmacovigilance Working Party"; CPMP-Arbeitsgruppe Pharmakovigilance.
PI	Abkürzung für → Principal Investigator.
PIC	Abkürzung für → Pharmaceutical Inspection Convention.
PIC/S	Abkürzung für → Pharmaceutical Inspection Co-Operation Scheme.
Pivotal Study	= Kardinal-Studie, Hauptprüfung (engl.)
PK	Abkürzung für „Pharmacokinetics".
PL	1. [GLP] Abkürzung für → Prüfleiter. 2. [GMP] Abkürzung für Product Licence, Produktzulassung.

PLA Abkürzung für → Product License Application; Großbritannien.

Placebo = ich werde gefallen (lat.)
Gezielte Nachbildung eines Medikaments ohne dessen
entscheidende Wirkstoffe. Pharmazeutische Zubereitung ohne
→ Wirkstoff. Solche → Scheinmedikamente werden bei
→ Klinischen Prüfungen von bestimmten Arzneimitteln verwendet,
um deren pharmakodynamischen Effekt von der unspezifisch-
therapiefördernden, „suggestiven" Wirkung zu trennen.
In → Blindstudien wird das Aussehen dem des wirksamen
Produkts daher angeglichen.

Plan engl.: plan
Das schriftlich-bildlich festgehaltene Ergebnis eines mehr oder
weniger intensiven systematisch-kongnitiven Prozesses.
Pläne können mittels besonderer *Planungsverfahren* erstellt werden,
in der Regel erfolgt dies unter EDV-Einsatz.

PMA [FDA] Abkürzung für „Pre-Market Approval Application".

PMS Abkürzung für → Postmarketing Surveillance.
Überwachung der Wirkung und Nebenwirkung von Arzneimittel
nach der Zulassung.

Poka Yoke Japanischer Begriff aus dem „Toyota Production System" (TPS).
Poka = unbeabsichtigte Fehler, Yoke = Vermeidung, Verminderung.
Ein aus mehreren Elementen bestehendes System, welches
technische Vorkehrungen und Einrichtungen zur Fehlerverhütung
bzw. zur sofortigen Fehleraufdeckung umfasst.

Policy = Verfahrensweise, Methode (engl.)
[GLP] alter Begriff für → SOP.

Pool Gesammelte und vermengte Produkteinheiten.

Poolability [GMP] Zusammenfassung von Daten, so z. B. von diesbezüglichen
Stabilitätsdaten.

Portugal EU-Mitgliedsstaat, in dem → GLP implementiert ist.
Zum Ministerium für Gesundheit gehört die GLP-
Überwachungsbehörde „Instituto da farmacia e do medicamento"
(Infarmed; Institute for pharmacy and medicaments), zuständig
für Arzneimittel, Tierarzneimittel und Kosmetika. Eine andere
Überwachungsbehörde ist das „Instituto portugues da qualidade"
(IPQ; Portuguese institute for quality) des Wirtschaftsministeriums,

das für alle anderen Chemikalien zuständig ist. Die routinemäßigen Inspektionen finden alle zwei Jahre statt. Es gibt keine bilateralen Abkommen.
Das GLP-Überwachungsprogramm begann 1993 für industrielle Chemikalien und 1994 für medizinische Produkte.

Post-marketing surveillance

Abkürzung: → PMS; engl.: surveillance = Überwachung.
Überwachung bei der → Klinischen Prüfung Phase 4 oder Phase 5, die nach der Markteinführung des Medikaments erfolgen und Daten über → Nebenwirkungen sammeln sollen.

Post-marketing-surveillance-Studie

Zur Sicherheit während der Vermarktung des Arzneimittels durchgeführte Studie.

Post-study

= nach Studienbeginn (engl.)
[GCP] Begriff für die zeitliche Lage eines → Audits.

PP

Abkürzung für → Prüfplan.

PPI

Abkürzung für „Patient Package Insert".

PPO

Abkürzung für „Preferred Provider Organization, Policy and Procedure Order".

PQ

Abkürzung für → Performance Qualification;
→ Leistungsqualifizierung; → Betriebsqualifizierung
Qualifizierungmerkmal von Geräten; umfasst den Probelauf unter anwendungstypischen Bedingungen (Testen mit bekannten Standards).

Präzision

lat.: praecisus = abgebrochen; franz.: précis
→ Wiederholpräzision, → Messabweichung ohne Systematik,
→ Wiederholbarkeit, Repeatability
1. Ausmaß der gegenseitigen Annäherung zwischen Messergebnissen aufeinander folgender Messungen derselben Messgröße, ausgeführt unter denselben Messbedingungen; Übereinstimmung wiederholter Messungen.
2. Statistische Größe, welche die mittlere und zufällige → Abweichung von Werten beschreibt, die aus einer mehrmaligen und ununterbrochenen Wiederholung einer Messung erhalten wurden. Es handelt sich hier um die Bestimmung systematischer Abweichungen und ist demnach gleich bedeutend mit → Richtigkeit. Man unterscheidet:

– Wiederholpräzision der Gesamtanalyse (*Intra-assay Precision*)
– Wiederholpräzision des Messsystems (*Instrument Precision*)
Als *Vergleichspräzision* bezeichnet man das Ausmaß der Übereinstimmung zwischen dem Messergebnis und einem wahren Wert der Messgröße (→ Richtigkeit). Man unterteilt:
– Laborinterne Vergleichspräzision (Intermediate Precision within Laboratories)
– Laborübergreifende Vergleichspräzision (→ Ringversuche) (Reproducibility, Intermediate Precision between Laboratories)
Unter *Erweiterter Vergleichspräzision* versteht man das Ausmaß der Übereinstimmung zwischen Messergebnissen derselben Messgröße, gewonnen unter veränderten Messbedingungen (→ Reproduzierbarkeit).
3. Bei der → Methodenvalidierung bezeichnet die Präzision eines Prüfverfahrens den Grad der Übereinstimmung (Streuung) zwischen einer Anzahl von Messwerten, die durch Mehrfachprobennahme derselben homogenen Probe unter den vorgeschriebenen Bedingungen gewonnen worden sind.
Sie gibt einen Hinweis auf zufällige Ergebnisunsicherheiten.
Die Wiederholpräzision in der Methodenvalidierung gibt die Präzision unter gleichen Bedingungen an. Dazu zählen derselbe Laborant, dieselbe Apparatur, ein kurzer Zeitabstand und identische → Reagenzien. Die Ergebnisse sind anzugeben in Standardabweichungen, Wiederholung, Variationskoeffizient der Wiederholung (relative Standardabweichung) und im Vertrauensbereich des Mittelwertes (n < 6; P = 95 %).
Die Vergleichspräzision in der Methodenvalidierung benennt die Präzision unter unterschiedlichen Bedingungen, dazu zählen die des Labors, der Reagenzien aus unterschiedlichen Quellen, der Laborant, die Tage und Geräte von unterschiedlichen Herstellern.

Pragmatic trial   Bezeichnung für eine → Klinische Prüfung, die den finanziellen Aspekt eines Produkts unter realen Bedingungen weltweit untersucht.

Preclinical Studies   = präklinische Studien (engl.)
[GLP] Unter diesen Vorgaben durchgeführte Tierversuche, die insbesondere toxikologische Erkenntnisse für die Phase 1 der → Klinischen Prüfung zur Verfügung stellen sollen.

Pre-contract   = vor Vertrags- (engl.)
[GCP] Begriff zur Beschreibung der zeitlichen Lage eines → Audits.

Premises	= Gebäude, Grundstück, Anwesen (engl.), dt.: Prämisse = Vordersatz. Bezogen auf die → Prüfeinrichtung sind es hier Feldstücke, die für Prüfungen benutzt werden.
Pre-study	[GCP] Beschreibung der zeitlichen Lage eines → Audits durch ein Präfix.
Pre-study-Daten	[GLP] Alle → Rohdaten, die vor dem → Experimental Starting Date (vor Prüfungs- oder Studienbeginn) gewonnen wurden, so z. B. – Ankunftsdaten, – Gesundheitsüberprüfungen, – Impfungen u. a. prophylaktische Maßnahmen und – Randomisierung der → Versuchstiere.
Primärnorm	→ Norm, die den höchsten Stand der Metrologie in einem bestimmten Land verkörpert (z. B. eine nationale Norm).
Primärnormal	Auch „Nationales Normal" genannt; ist ein → Normal, das in einem Land durch einen offiziellen nationalen Beschluss als Basis zur Festlegung des Wertes aller nachgeordneten Normale der betreffenden Größe dient.
Primärpackmittel	→ Verpackungsmittel, → Sekundärpackmittel.
Principal Investigator	Abkürzung: → PI; örtlicher Versuchsleiter; Teilversuchs-Durchführender, örtlicher → Prüfleiter. Diejenige Person, die, im Falle einer Multi-Site-Prüfung (→ Multi-Site Study) im Auftrag des Prüfleiters bestimmte Verantwortlichkeiten für die ihr übertragenen Phasen von Prüfungen übernimmt. Die Verantwortung des Prüfleiters für die Gesamtleitung der Prüfung kann nicht an den PI übertragen werden; dies schließt die Genehmigung des → Prüfplans sowie seiner Änderungen, die Genehmigung des → Abschlussberichtes sowie die Verantwortung für die Einhaltung aller anwendbaren Grundsätze der → GLP ein.
Proband	lat.: probandus = ein zu Untersuchender. Versuchs- oder Testperson, an der etwas ausprobiert oder gezeigt wird, vor allem bei Untersuchungen oder Tests von Arzneimitteln.

Proben

mlat.: proba = Prüfung; engl.: → Specimen = Exemplar, → Muster, Probe.

1. [Naturwissenschaften] Eine kleine Teilmenge eines Materials oder Produkts, das auf bestimmte Eigenschaften untersucht werden soll.

2. [GLP] Materialien, die zur Untersuchung, Auswertung oder Aufbewahrung aus dem Prüfsystem entnommen werden. Proben fallen als Gewebe- oder Organstücke, Tier- oder Pflanzenreste, Objektträger usw. an (Prüfgegenstand + Matrix).

3. Bei Freiland- und Rückstandsprüfungen von Pflanzenschutzmitteln wird häufig unterschieden zwischen:

– *Feldprobe*
Unmittelbar aus der Versuchsparzelle entnommenes Material (z. B. Pflanzen, Pflanzenteile, Bodenproben) und

– *Laborprobe*
Für die analytische Bestimmung aufbereitete Probe, z. B. organische Lösungen, die in ein HPLC- oder GC-Gerät gespritzt werden können.

Probennahme

Entnahme kleiner Mengen: Stichprobenpläne (Probenziehpläne); Rhythmusprüfungen; Aseptischer Probenzug.

Procedures

= Verfahren(sweisen) (engl.); → Verfahrensanweisungen (→ VAs)

Process-based Inspection

→ Verfahrensbezogene Überprüfung
Wird z. B. bei einfachen, häufig vorkommenden Tätigkeiten im vierteljährlichen Rhythmus angewandt.

Process Validation

→ Prozessvalidierung

Product License Application

Abkürzung: → PLA
Ansuchen bei der → FDA oder → CBER um Vertriebsgenehmigung eines Arzneimittels in den USA.

Product Performance Qualification

→ Produktqualifizierung

Produktion

→ Herstellung
Alle Arbeitsschritte und Prozesskontrollen im Rahmen der Herstellung, welche die Aufarbeitung der Materialien und deren Verarbeitung bis zur verabreichungsfertigen Form – inklusive Abfüllung, aber exklusive Verpackung – umfasst. Auch als Chargenfertigung bekannt.

Produktqualifizierung Qualifizierung, vor allem betreffend Medizinprodukte
(→ Product Performance Qualification).

Programm Maßnahmeplan
Festlegung der Maßnahmen, Zuständigkeiten, Mittel und ggf.
Fristen zur Erreichung der gesteckten Ziele.

Prospective Study engl.: prospective = voraussichtlich
Untersuchungen, in denen von einer Gruppe von Merkmalen die
Übereinstimmung mit den im Plan (Protokoll) beschriebenen
Kriterien überprüft werden.

Prospektive Validierung Vorbeugende → Validierung, Validierung an neuen Geräten oder
Systemen vor der Übernahme in die Herstellung oder Kontrolle.
Eigentliche Validierung, die alle Systementwicklungsschritte (SDLC)
enthält.

Protocol [GCP] = → Prüfplan (engl.)

Protocol Amendment [GCP] → Prüfplanänderung (engl.)
Eine schriftliche Beschreibung über einen Wechsel oder eine
formale Klärung (clarification) gegenüber dem → Protokoll.

Protocol Violater = Prüfplanverletzer, Prüfplanstörer (engl.)

Protokoll grch.: protokollon = den amtlichen Papyrusrollen, vorgeleimtes
Blatt; engl.: → Protocol.
1. Förmliche Niederschrift der wesentlichen Punkte einer
öffentlichen oder privaten Sitzung, Versammlung oder Verhandlung,
Tagungsbericht, Beurkundung einer Aussage.
2. Aufzeichnung einer Tätigkeit.
3. [GLP] z. B. Prüfungsprotokolle, Versuchsprotokolle,
Sitzungsprotokolle.

Prozedere Von Personen durchgeführte Tätigkeiten oder Schritte im Rahmen
eines → Verfahrens.

Prozess Anlagentechnische Schritte in einem systematischen
Zusammenhang; Ablauf zur Herstellung eines Produktes oder
Hilfsmittels.

Prozessgrenzen Obere und untere Grenze(n) des Prozesses (→ Prozesstoleranz).

Prozessmodell

[ISO] Eine Tätigkeit oder Operation, die Eigenschaften erhält und diese in Ergebnisse umwandelt, kann als Prozess angesehen werden. Fast alle Tätigkeiten und Operationen im Zusammenhang mit einem Produkt sind Prozesse. Damit Organisationen funktionieren können, müssen sie zahlreiche miteinander verknüpfte Prozesse definieren und beherrschen. Oft bildet das Ergebnis des einen Prozesses die direkte Eingabe für den nächsten. Die systematische Erkennung und Beherrschung dieser verschiedenen Prozessse innerhalb einer Organisation, vor allem aber der Wechselwirkungen zwischen solchen Prozessen, können als *prozessorientierter Ansatz* zum Management definiert werden.

Prozesstoleranz

Erlaubte Abweichung der Ist-Werte eines Prozesses vom vorgegebenen Soll-Wert.

Prozessvalidierung

engl.: → Process Validation
Eine systematische und dokumentierte Prüfung eines Prozesses. Vorrangig ist hierbei die Prüfung auf Belastbarkeit (Robustheit), Stabilität und Reproduzierbarkeit, unabhängig von den eingesetzten Gerätschaften, wobei vor allem kritische Prozessparameter geprüft werden sollen. Meistens umfasst sie auch die Produkt- und Prozessentwicklung sowie die Prüfung des Prozesses an der Anlage in Verbindung mit der → Performance Qualification.

Prüfarzt

[GCP] Mediziner, der die → Klinische Prüfung durchführt.

Prüfarztordner

engl.: investigator study file
Dokumentation im Zusammenhang mit einer → Klinischen Prüfung beim → Prüfarzt.

Prüfarztselektion

[GCP] Überprüfung der Voraussetzungen für die Durchführung einer → Klinischen Prüfung entsprechend den diesbezüglichen Anforderungen, z. B. durch einen Prüfarztselektionsbesuch.

Prüfarztvertrag

[GCP] Zwischen Auftraggeber (Zuwendungsgeber) und → Prüfarzt (Zuwendungsempfänger) abgeschlossener Prüfungsvertrag über die Durchführung der Prüfung und die anfallenden Kosten (z. B. Honorarvereinbarung).

Prüfbefund

Geräte-Kontrollblatt; oft vom Hersteller mitgeliefert, um die Dokumentation des Prüfumfangs und der Ergebnisse festzuhalten.

Prüfbericht

Dokument, das Prüfergebnisse und andere die Prüfung betreffende Informationen enthält.

Prüfbogen

engl.: → Case Report Form, Abkürzung: → CRF.
[GCP] Ein geschriebenes, ein auf einem optischen Datenträger oder ein elektronisch gespeichertes Dokument, in dem alle gemäß → Prüfplan erforderlichen Informationen dokumentiert werden, die dem → Sponsor zu jedem Prüfungsteilnehmer zu berichten sind.

Prüfbogen-Audit

[GCP] Überprüfung, dass der Aufbau und Inhalt eines → Prüfbogens den Studienablauf möglichst in chronologischer Reihenfolge widerspiegelt und dass ausreichende administrative Hinweise enthalten sind. Als so genannte *Inkonsistenzen* werden → Abweichungen zum → Prüfplan bezeichnet (z. B. bei Visiten). Tagebücher oder spezielle Fragebögen, die separat zum Prüfbogen eingesetzt werden, gehören ebenfalls in diese Überprüfung.

Prüfbuch

Vom Hersteller mitgelieferte Geräte-Unterlagen zum Eintragen von Überprüfungen, Wartungen und Reparaturen

Beispiel:
Prüfbuch für Zentrifugen – Inhalt:
– Titelblatt
– Verzeichnis der Bescheinigungen des Herstellers
– Rechtsgrundlage des Herstellers
– Rechtsgrundlage für Zentrifugenprüfungen
– Prüfumfang für Zentrifugen
– Lister der durchgeführten Prüfungen
– Prüfbefunde

Prüfeinheit

→ Prüfsystem

Prüfeinrichtung

engl.: → Test Facility
[GLP] Organisatorische Einheit eines Unternehmens, die Prüfungen durchführt.
Umfasst die Personen, Räumlichkeiten und Arbeitseinheiten, die zur Durchführung von Prüfungen notwendig sind.
Bei Prüfungen, die in Phasen an mehr als einem Standort durchgeführt werden (Multi-Site-Prüfungen) umfasst der Begriff sowohl den Standort, an dem der → Prüfleiter angesiedelt ist, als auch alle anderen individuellen → Prüfstandorte. Die Prüfstandorte können sowohl in ihrer Gesamtheit als auch jeweils einzeln als Prüfeinrichtung definiert werden.

Prüfen

Feststellen, ob ein Messgerät vorgegebene → Fehlergrenzen einhält, inwieweit ein Prüfobjekt eine Forderung erfüllt.
Prüfen umfasst: → Besichtigung, → Erproben und → Messen.
Mit dem Prüfen ist immer der Vergleich mit einer Forderung verbunden, die festgelegt oder vereinbart sein kann.
Eine → Prüfung erfolgt häufig mit einem Messgerät, einer Messeinrichtung oder einem → Normal, um festzustellen, inwieweit die gemessene Größe (das geprüfte Merkmal des Prüfobjektes) eine Forderung erfüllt. Wird durch eine Messung ein Messwert ermittelt, so ist dies nur dann eine Prüfung, wenn dabei auch festgestellt wird, inwieweit (oder ob) der Messwert eine Forderung erfüllt. Die z. B. in der Werkstofftechnik verbreitete Verwendung des Wortes „Prüfung" anstelle von „Messung" ist nicht richtig!
Vielfach wird für Entscheidungszwecke das quantitative Prüfergebnis „inwieweit" in ein qualitatives Prüfergebnis „ob" oder „ob nicht" umgewandelt.

Prüfermotivation

[GCP] Motivation der Prüfärzte, z. B. durch Zusendung aktueller wissenschaftlicher Publikationen, Präsente, Dankschreiben oder die Erstellung von Prüfarzt-Zertifikaten.

Prüfgegenstand

engl.: → Test item
Objekt, das der Prüfung unterliegt; wurde früher als → Prüfsubstanz bezeichnet. Die wichtigsten Merkmale der Identifikation eines Prüfgegenstandes sind:
– Verpackung/Behältnis,
– Texte (Etikettierung, Beipackzettel, Produktinformation etc.),
– Anzahl/Gewicht/Volumen,
– Farbe/Transparenz,
– Form,
– Konsistenz,
– Geruch,
– Homogenität und eventuell,
– pH-Wert und
– Löslichkeit.

Prüfglied

(Versuchsglied, Variante)
Besonders bei Pflanzenversuchen repräsentieren die der gleichen Stufe eines Faktors unterworfenen Objekte das Prüfglied. Bei Tierversuchen wird der Ausdruck „Behandlung" bevorzugt.

Prüfgröße

→ Prüfzahl, → Testgröße

Beim Prüfen statistischer Hypothesen erfolgt die Entscheidung zu Gunsten der Nullhypothese oder zu Gunsten einer Alternativhypothese auf Grund des Wertevergleichs der aus den Stichprobenmaßzahlen berechneten Prüfgröße mit dem kritischen Tafelwert (p-Quantil). Die Prüfgröße folgt einer bekannten Verteilung (z. B. Normal-, t-, Chi-Quadrat- oder F-Verteilung), deren Quantile entsprechend der vorgegebenen Irrtumswahrscheinlichkeit und der Freiheitsgrade tabelliert und Statistiklehrbüchern zu entnehmen sind.

Prüfintervalle

→ Prüffristen

Zeiträume zwischen den Überprüfungen. Empfohlen werden mehrere Überprüfungen durch den Anwender und mindestens jährlich einmal eine → Grundkalibrierung.

Der Abstand zwischen zwei Prüfungen richtet sich wie die → *Prüftoleranz* nach dem jeweiligen Sicherheitsbedürfnis.

Bei neuen Messgeräten, deren Langzeitverhalten nicht bekannt ist, ist es sinnvoll, mit kurzen Prüfintervallen zu beginnen.

Werden Messgeräte laufend benutzt und beachtet man bei der Messung die *Üblichkeitswerte*, kann man eventuelle → Abweichungen vielfach schon erkennen, wenn sie vor Erreichen der Prüffrist auftreten.

Prüffristen sind z. B. festgelegt in Gesetzen, Verordnungen, Unfallverhütungsvorschriften und Sicherheitsvorschriften.

Prüfkategorien

Werden unterteilt gemäß → ChemVvV-GLP in:

– Prüfkategorie 1:
Prüfungen zur Bestimmung der physikalisch-chemischen Eigenschaften und Gehaltsbestimmungen

– Prüfkategorie 2:
Prüfungen zur Bestimmung der toxikologischen Eigenschaften

– Prüfkategorie 3:
Prüfungen zur Bestimmung der erbgutverändernden Eigenschaften (in vitro und in vivo)

– Prüfkategorie 4:
Ökotoxikologische Prüfungen zur Bestimmung der Auswirkungen auf aquatische und terrestrische Organismen

– Prüfkategorie 5:
Prüfungen zum Verhalten im Boden, im Wasser und in der Luft; Prüfungen zur Bioakkumulation und zur Metabolisierung

– Prüfkategorie 6:
Prüfungen zur Bestimmung von Rückständen

– Prüfkategorie 7:
Prüfungen zur Bestimmung der Auswirkungen auf Mesokosmen
und natürliche Ökosysteme

– Prüfkategorie 8:
Analytische Prüfungen an biologischen Materialien

– Prüfkategorie 9:
Sonstige Prüfungen (mit Erläuterung)

Prüflabor

→ Prüffeld
Gesamtheit aller → Prüfmittel zur meist stichprobenartigen
Produktionsüberwachung, Erprobung von Werkstoffen,
Einzelerzeugnissen und Anlagen u. a. in Bezug auf deren
Zuverlässigkeit unter Gebrauchs- oder Einsatzbedingungen.

Prüfleiter

engl.: → Study Director; Versuchsleiter, Studienleiter [GLP]
Diejenige Person, die für die Gesamtleitung der Prüfung
verantwortlich ist. Der Prüfleiter ist oft, aber nicht unbedingt,
Akademiker. Er muss einen Stellvertreter haben.
Zu seinen Aufgaben und Verantwortungen gehören:
Prüfungsbezogene Aufgaben:
– Planung
– Durchführung
– Berichterstattung
Allgemeine Aufgaben:
– Personal (auswählen, schulen, informieren, motivieren)
– SOPs

Prüfmittel

Begriff aus der EN ISO 9000 ff. für (Mess)Geräte.
Die allgemeine → Prüfmittelüberwachung bezieht sich hier auf die
Überwachung, → Kalibrierung und Instandhaltung aller Prüfmittel
(auch Software), die für das QM-System von Bedeutung sind.
Dazu gehören Prüfmittel für instrumentelle Zwischenprüfungen
und/oder Messungen von Prozessparametern sowie Laborgeräte
(z. B. Viskosimeter) sowie → Reagenzien (z. B. Pufferlösungen).

Prüfmittelkarte

Ein Dokument, das wesentliche Merkmale des → Prüfmittels,
einschließlich der → Kalibrierung enthält. Sie begleitet das
Prüfmittel während dessen gesamter Lebensdauer.

Prüfmittelüberwachung	Überprüfung in regelmäßigen Abständen nach einem standardisierten Ablauf, ob die jeweilige Messleistung der Geräte noch innerhalb der ursprünglich festgelegten → Toleranzen liegt. Diese gewährleistet eine Vergleichbarkeit der Prüfungsergebnisse, auch wenn die Prüfung von unterschiedlichen Personen durchgeführt wird. Die Überprüfung einer Waage kann z. B. durch Auflegen eines zertifizierten Gewichtes im Bereich des hauptsächlich verwendeten Wägebreiches erfolgen (*praxisnahe Wägung*). Ein- bis zweimal sollte eine umfangreiche → Kalibrierung durchgeführt werden, die der Qualifizierung des Gerätes entspricht und die → Rückverfolgbarkeit sicherstellt.
Prüfnormale	zertifizierte → Prüfmittel Werden bei der Durchführung messtechnischer Prüfungen eingesetzt. Die → Zertifizierung erfolgt in der Regel durch ein akkreditiertes → Prüflabor. Die → Genauigkeit und die → Grenzwerte des Kalibriervorganges werden durch ein → Zertifikat ausgewiesen. Die Prüfnormale müssen nach bestimmten Gebrauchsintervallen *rezertifiziert* (rekalibriert) werden.
Prüfordner	→ Investigators Brochure
Prüfpersonal	engl.: → Study personnel [GLP] In deren Grundsätzen nicht bestimmter Begriff, der alle Personen zusammenfasst, die keine definierte Einzelfunktion (z. B. → Prüfleiter) besitzen.
Prüfplakette	Plakette = kleine, meist geprägte Platte mit einer Reliefdarstellung (franz.) Abzeichen, Aufkleber, Etikett als → Prüfzeichen. Zur Dokumentation der Überprüfung am überprüften Gerät anbringbare meist selbstklebende, verschieden geformte und gefärbte kleine Etiketten. Als Hauptinformation ist an ihnen meistens das Überprüfungsdatum, der nächste Überprüfungstermin und der Name des Durchführenden erkennbar. Sie dürfen nur von autorisierten Personen angebracht werden und zerstören sich beim Versuch des Entfernens (durch Einreißen).
Prüfplan	engl.: → Study plan; amerik.: study protocol 1. Prüfprotokoll, → Versuchsplan, Versuchsprotokoll, Studienplan, Studienprotokoll. Dokument, das die Ziele und experimentelle Gesamtplanung zur Durchführung der Prüfung beschreibt. Es schließt sämtliche → Prüfplanänderungen ein.

2. [GCP] Ein Dokument (→ Protocol), das die Zielsetzung(en), das Design, die Methodik, statistische Überlegungen sowie die Organisation einer → Klinischen Prüfung beschreibt. Der Prüfplan enthält normalerweise auch Angaben über den Hintergrund und die wissenschaftliche Begründung für die Klinische Prüfung. Diese Angaben können jedoch in anderen Dokumenten stehen, auf die im Prüfplan verwiesen wird. In der gesamten ICH-GCP-Leitlinie bezieht sich der Begriff „Prüfplan" auf den Prüfplan und dessen Änderungen.

Prüfplanabweichung

engl.: → Study Plan Deviation
Unbeabsichtigte → Abweichung (→ Deviation) vom → Prüfplan nach dem Beginn der Prüfung.

Prüfplanänderung

engl.: → Study Plan Amendment
Geplante Veränderungen (→ Amendment) des → Prüfplans nach Beginn der Prüfung.
[GCP] Eine schriftliche Darstellung (→ Protocol Amendment) einer oder mehrerer Änderungen oder einer formalen Klarstellung eines Prüfplans.

Prüfrichtlinie

engl.: test guideline
Eine von einer zuständigen Behörde herausgegebene Methode für die Anordnung bzw. Durchführung bestimmter Untersuchungen.

Prüfstandort

engl.: → Test site
Ort, an dem eine oder mehrere Phase(n) einer Prüfung durchgeführt werden; gehört örtlich nicht zur → Prüfeinrichtung.
Allgemeine Forderungen:
- dezentrale Organisation und Lokalität,
- Benennung eines → Principal Investigators und
- nicht unter ständiger Kontrolle des → Prüfleiters.
Arten:
- Nichtselbstständige Prüfstandorte mit direkter Anbindung an einer Prüfeinrichtung und eigenen → SOPs.
- Selbstständige Prüfstandorte (kontraktierte Außenstellen)
- Mit eigener oder externer → QSE und eigenen bzw. externen SOPs.
- Andere Prüfeinrichtung mit eigener → GLP-Bescheinigung.

Bedingungen:
- Arbeiten unter → GLP
- GLP-Zertifikat

Bei Nicht-GLP-Status erfolgt eine Inspektion vor Ort (Überwachung muss beantragt werden) oder Akzeptanz nach Aktenlage.

Prüfstelle   Ist eine autorisierte, gemeinnützige Einrichtung zum Prüfen und Zertifizieren, wie z. B. → VDE, TÜV.

Prüfsubstanz   engl.: test substance, test article.
Alte Bezeichnung für Prüfgegenstand.
Eine chemische Substanz oder Mischung, die geprüft wird. Es kann auch ein Stoff von biologischer Herkunft, ein Mikroorganismus oder ein Virus oder ein Bestandteil von Mikroben und Viren sein.

Prüfsystem   engl.: test system; → Testsystem
Jedes biologische, chemische oder physikalische System oder eine Kombination daraus, das bei einer Prüfung verwendet wird.
Biologisches Prüfsystem = → Versuchstier.

Prüftoleranz   lat.: toleare = erdulden, Duldsamkeit
Die für die Überprüfung eines Gerätes gewählte → Toleranz.

Prüfung   mhd.: prüevunge = erwägen, erkennen, beweisen, erproben, billigen; engl.: study, test; → Studie, → Test, → Versuch
1. Technischer Vorgang, der aus dem Bestimmen eines oder mehrerer Kennwerte eines bestimmten Erzeugnisses, Verfahrens oder einer Dienstleistung besteht und gemäß einer vorgeschriebenen Verfahrensweise durchzuführen ist (QM-System).
2. [GLP] Nicht-klinische gesundheits- und umweltrelevante Sicherheitsprüfung. Eine Untersuchung oder eine Reihe von Untersuchungen, die mit einem oder mehreren Prüfgegenständen unter Labor- oder Umweltbedingungen durchgeführt wird, um Daten über seine Eigenschaften und/oder seine → Unbedenklichkeit zu gewinnen, mit der Absicht, diese den zuständigen Bewertungsbehörden einzureichen.
3. In anderen Ländern wird der Begriff erweitert bzw. eingeengt, dem Anwendungsbereich der Bestimmungen in dem jeweiligen Land entsprechend. [FDA] So lautet die Begriffsbestimmung der amerikanischen Arzneimittelbehörde:
„Nichtklinischer Versuch ist jedes In-vivo- oder In-vitro-Experiment, in dem eine Prüfsubstanz prospektiv an einem Prüfsystem unter Laborbedingungen untersucht wird, um deren Unbedenklichkeit festzustellen. Der Begriff deckt nicht Humanversuche, klinische

Studien oder Feldversuche am Tier. Er umfasst auch nicht Grundlagenversuche zur Untersuchung des potenziellen Nutzens einer Prüfsubstanz oder zur Feststellung deren physikalischer oder chemischer Eigenschaften".

4. Unter *biologischer Prüfung* (biological assay, Bioassay) versteht man die Untersuchung der Reaktionen lebender → Versuchsobjekte auf dosierte Behandlungen mit Präparaten oder physikalischen Faktoren.

Vorherrschend ist die einfaktorielle → Versuchsplanung: Ein Faktor, mehrere Stufen (Dosierungen), mehrere Wiederholungen je Dosis. Bei der *direkten* Prüfung wird die Dosis für jedes Versuchsobjekt kumulativ so bemessen, dass eine bestimmte Reaktion früher oder später sicher eintritt. Jeder Wirkung steht hier eine konkrete Dosis entgegen. Bei der *indirekten* Prüfung werden die Dosen fest vorgegeben, und die Wirkung wird entweder als quantitative Reaktion der Objekte gemessen oder als qualitative Reaktion (Alternativreaktion) registriert, z. B. Mortalitätsrate bei Insektiziden, Immunitätsrate bei Impfstoffen.

Die statistische Dosis-Wirkungs-Beziehung beim direkten Versuch erfolgt über die Bestimmung der Regressionsfunktion, wobei durch geeignete Transformation der Dosisstufen (Dosismetameter) und/ oder der Prozentsätze der Reagenten eine lineare Regression angestrebt wird (Probitanalyse). Bei der Mortalitätsprüfung kommt außerdem Dosiseffekt noch der Zeiteffekt hinzu, und es ist bei Insektiziden, Fungiziden u. ä. Rückständen notwendig, die Abbaugeschwindigkeit im Boden oder Futter zu prüfen: Dosis-Zeitdauer-Regression. Aus der Dosis-Wirkungs- (oder Dosis-Zeitdauer-) Funktion wir durch Auflösen nach x (Dosis) der Dosiswert bestimmt, bei dem eine bestimmte Wirkung auftritt: ED_{50} als wirksame Dosis, bei der 50 % der Individuen reagieren, LD_{50} als Dosis, die für 50 % der Objekte tödlich ist, D_{50} x t_{50} als Dosis, die für 50 % der Objekte zur Hälfte der Zeit tödlich ist usw.

Prüfungsabschluss

engl.: → Study Completion Date
Abschluss einer Prüfung ist der Tag, an dem der → Prüfleiter den → Abschlussbericht unterschreibt.
Korrekturen oder Ergänzungen zu diesem unterschriebenen Bericht dürfen nur in Form eines → Nachtrags (→ Addendum) vorgenommen werden.

Prüfungsbeginn

engl.: study initiation date; → Prüfungseinleitung.
Beginn einer Prüfung ist der Tag, an dem der → Prüfleiter den → Prüfplan unterschreibt.

Prüfungsende	engl.: → Experimental Completion Date. Früher „experimental termination date" genannt. „Ende der experimentellen Phase" ist der Tag, an dem noch prüfungsspezifische → Rohdaten erhoben werden. Dieses Datum ist Bestandteil des → Prüfplans sowie des → Abschlussberichts. Tätigkeiten nach Prüfungsende aber vor Prüfungsabschluss sind z. B.: histologische Auswertung, Berechnung der Ergebnisse, Vorbereitung des Abschlussberichts, Überprüfung des Abschlussberichtes durch die Qualitätssicherung usw. [FDA] In dem Regelwerk der amerikanischen Behörde kommt der Begriff nicht vor. [EPA] In deren Verordnung lautet die Definition: „the last date on which data are collected from the study".
Prüfungsrelevante Teile	– Prüfungsphase(n) – Archivierung – Qualitätssicherung
Prüfungsstart	engl.: → Experimental Starting Date Früher auch Prüfungsbeginn (experimental start date) genannt. „Beginn der experimentellen Phase" ist der Tag, an dem die ersten prüfungsspezifischen Rohdaten erhoben werden. Die Definition ist auslegungsbedürftig, da gerade bei biologischen Prüfungen nicht immer klar ist, welche Daten prüfungsspezifisch erhoben werden. [FDA] In dem Regelwerk der amerikanischen Behörde kommt der Begriff nicht vor. [EPA] In deren Verordnung lautet die Definition: „the first date the test substance is applied to the test system".
Prüfverfahren	Vorgeschriebene technisches Verfahrensweise für die Durchführung einer Prüfung.
Prüfvorschrift	Vorschrift zur Durchführung einer → Prüfung.
Prüfzahl	→ Prüfgröße
Prüfzeichen	Ein amtlich vorgeschriebenes Kennzeichen für Geräte usw., deren Bauart der gesetzlichen Vorschrift entsprechen muss (z. B. → VDE-Zeichen).

Prüfzentrum

[GCP] Ort, der für die Durchführung einer → Klinischen Prüfung ausgewählt wurde.

Abhängig von der wissenschaftlichen Expertise, vom organisatorischen und administrativen „know how" vor Ort sowie von der Zahl und Verfügbarkeit von Probanden in der zu prüfenden Indikation.

PTB

Abkürzung für die „Physikalisch-Technische Bundesanstalt" in Braunschweig.

Q

QA   Abkürzung für → Quality Assurance.

QAU   Abkürzung für → Quality Assurance Unit.

QC   Abkürzung für → Quality Control.

QEHS   Abkürzung für „Quality-Enviroment-Health-Saftey".
                           Art von → Qualitätsmanagement mit dem Schwerpunkt Umwelt,
                           Gesundheit und Sicherheit.

QK   Abkürzung für → Qualitätskontrolle.

QM   Abkürzung für → Qualitätsmanagement.

QMB   Abkürzung für → Qualitätsmanagement-Beauftragter.

QM-Bewertung   Managementbewertung
                           Bewertung des QM-Systems einer Organisation. Zweck und Mittel
                           der Bewertung ist die Prüfung, inwieweit das QM-System geeignet,
                           angemessen und wirksam ist. Folgerungen daraus können nötige
                           Verbesserungen oder zweckmäßige Änderungen sein. Veranlasser
                           und Verantwortlicher dafür ist die oberste Leitung der Organsiation.
                           Eine QM-Bewertung ist einerseits eine wiederkehrende Prüfung
                           (wie die TÜV-Prüfung an einem Automobil), andererseits sollte sie
                           auch bei besonderen Anlässen angesetzt werden, z. B. bei Fusionen
                           oder wichtigen Umgestaltungen der Organsiation. Ausführender ist
                           eine unabhängige interne Stelle oder eine externe Organisation.

QM-Dokument   Die drei Dokumentationsebenen eines QM-Systems umfassen folgende Qualitätsmanagement-Dokumente:
– QM-Handbuch
– Verfahrensanweisungen
– Arbeitsanweisungen

QM-Handbuch   Qualitäsmanagement-Handbuch
Zu den drei Dokumentationsebenen eines QM-Systems gehörendes → QM-Dokument.
Im QM-Handbuch ist die Aufbau- und Ablauforganisation z. B. eines Prüflaboratoriums dargelegt. Es ist sozusagen das „Grundgesetz" des Labors und enthält die Beschreibung des QM-Systems und die Darlegung der qualitätsrelevanten Abläufe und Zuständigkeiten. Das QM-Handbuch verweist aus seinen unterschiedlichen Abschnitten auf die → Verfahrens- und → Arbeitsanweisungen.

QMS   Abkürzung für → Qualitätsmanagement-System.

QOL   Abkürzung für „Quality of Life".

QS   Abkürzung für → Qualitätssicherung.

QSE   Abkürzung für → Qualitätssicherungseinheit.

QSIT   [FDA] Neuentwickeltes Inspektions-Prozedere für Medizinprodukte.

QSR   Abkürzung für „Quality System Review".
Unternehmensspezifisches Assessementsystem zur Initiierung eines „Participative Scoring Process" (PSP). Dabei wird der Auditierende in den Auditprozess einbezogen, um nach unmittelbarer Kenntnisnahme der Bewertung seiner Prozesse dieser zuzustimmen oder weitere Argumente vorbringen zu können, um eine nach seiner Sicht höhere Bewertung zu rechtfertigen.

Qualified Person   = → Sachkundige Person (engl.)

Qualifizierter Lieferant   Lieferant/Vertragspartner, der nachweisbar in der Lage ist, die an ihn gestellten Forderungen zu erfüllen. Dieser Nachweis kann z. B. durch ein → Zertifikat, die Durchführung von Lieferantenaudits, Bewertungen früherer Lieferungen bzw. Dienstleistungen usw. erfolgen.

Qualifizierung	Geplantes und dokumentiertes Prüfverfahren zur Bestimmung, ob das Instrumentarium und dessen Hilfssysteme im Stande sind, stetig innerhalb erlaubter festgelegter Grenzen, reproduzierbar betrieben zu werden.

Qualifizierung von Geräten	→ Equipment Qualification (EQ)
	Sie umfasst folgende Stadien:
	– *Specification Qualification* (SQ)
	  Produktentwicklung (Forschung & Entwicklung)
	– *Construction Qualification* (CQ)
	  Produktion und abschließender Test
	– *Design Qualification* (DQ)
	  Definition der Eigenschaften
	– *Installation Qualification* (IQ)
	  Installation vor Ort
	– *Operational Qualification* (OQ)
	  → Grundkalibrierung
	– *Performance Qualification* (PQ)/(MQ)
	  Testen mit bekannten Standards und Wartung
	Die *prospektive* Qualifizierung betrifft neu angeschaffte Geräte und umfasst alle qualitätsrelevanten Bereiche des Anwenders (Design-, Installation-, Operational- und Performance/Maintenance Qualification). Bei vorhandenen Geräten erfolgt eine *retrospektive* Qualifizierung (→ OQ und → PQ/MQ).

Qualität	engl.: quality 1. Die Gesamtheit der Leistungsmerkmale und Eigenschaften eines Produktes oder einer Dienstleistung, die einen Einfluss auf die Eignung dieses Produktes oder dieser Leistung nehmen, bestimmte → Anforderungen zu erfüllen; die Beschaffenheit der Güte. „Fitness for use" = „Eignung für den Gebrauch" (P. B. Crosby). 2. [GCP] Die Gesamtheit von Merkmalen (und Merkmalswerten) einer Einheit bezüglich ihrer Eignung, festgelegte und vorausgesetzte Erfordernisse zu erfüllen. Realisierte Beschaffenheit einer Einheit bezüglich der Qualitätsanforderung.
Qualitätsaudit	Systematische und unabhängige Untersuchung zur Feststellung, ob die qualitätsbezogenen Tätigkeiten und deren Ergebnisse den geplanten → Anforderungen entsprechen und ob diese Anforderungen wirkungsvoll realisiert wurden und geeignet sind, die Qualitätsziele zu erreichen. Man unterscheidet *intere* und *externe* Qualitätsaudits. Letztere erfolgen durch die Behörde und können zur → Zertifizierung des Qualitätssystems führen.

Qualitätsbescheinigung	Dokument, das die → Konformität mit einer → Spezifikation bescheinigt.
Die Prüfung bezieht sich dabei auf das Gesamte, aus dem die Lieferung zusammengestellt wurde.

Qualitätskontrolle	Abkürzung: QK; engl.: → Quality Control (QC).
Bezeichnet die Überwachung der Qualität von in Massen produzierten Gütern mit Hilfe statistischer Methoden. Arbeitstechniken und Aktivitäten, die innerhalb des Systems der Qualitätssicherung eingesetzt werden, um nachzuweisen, dass die Anforderungen an die Qualität der prüfungsbezogenen Aktivitäten erfüllt wurden.
Nicht zu verwechseln mit Qualitätssicherung!

Qualitätslenkung	Arbeitstechniken und Tätigkeiten, die zur Erfüllung von Qualitätsanforderungen angewendet werden.

Qualitätsmanagement	Abkürzung: → QM; engl.: quality management.
Gesamtheit der sozialen und technischen Maßnahmen, die zum Zweck der Absicherung einer Mindestqualität bezüglich der Ergebnisse betrieblicher Leistungsprozesse angewendet werden. Aus traditionellem Blickwinkel bezeichnet man damit die Gruppe der in der Organisation mit der Qualitätssicherung betrauten Personen. Organisationsstruktur, Verantwortlichkeiten und Befugnisse, Verfahren und Prozesse sowie die für die Verwirklichung der Qualität erforderlichen Mittel werden als → Qualitätssicherungssystem bezeichnet.

Qualitätsmanagement-System	Abkürzung: → QMS
Voraussetzung für die erforderlichen Maßnahmen im Rahmen eines umfassenden → Qualitätsmanagements mit der Zielsetzung einer Qualifikationsbescheinigung nach dem Vorbild eines allgemein anerkannten → Qualitätssicherungssystems sind:
– Ein allgemein gültiger nationaler Leitfaden.
– Ein für den Bereich charakteristisches Qualitätsmanagement-Handbuch.
– Individuelle Standardarbeitsanweisungen für jedes Verfahren.

Qualitätsplan	Plan, der die Ziele zu Verbesserungen im Ergebnis der Qualitätsanforderungen sowie den Organisations- und Ablaufplan zur Erreichung dieser Ziele festlegt.

Qualitätsplanung   Tätigkeiten, welche die Ziele und Qualitätsforderungen
sowie die Forderungen für die Anwendung der Elemente des
Qualitätsmanagement-Systems festlegen. Die präventive
Fehlerverhütung erfolgt durch Analyse und Planung.

Qualitätspolitik   engl.: quality policy
Umfassende Absichten und Zielsetzungen einer Organisation zur
Qualität, wie sie durch die oberste Leitung formell ausgedrückt werden.

Qualitätsregelkarte   Abkürzung: QRK
Grafisches Hilfsmittel (z. B. nach Shewhart) auf statistischer
Basis, um einen Prozess über einen Zeitraum hinweg beständig
zu beobachten bzw. zu überwachen, damit bei beginnenden
Abweichungen frühzeitig eingegriffen werden kann. Die
Anwendung erfolgt im Rahmen der statistischen Prozessregelung.
Die QRK enthalten Warn- und → Eingreifgrenzen.
Man unterscheidet *x-Karten* für Einzelwerte, Mittelwerte und
Median, *s-Karte*, *R-Karte*, *Differenzen-Karte* und *Cusum-Karte*.

Qualitätsreport   → Assessment Report

Qualitätssicherung   Abkürzung: QS; engl.: → Quality Assurance (→ QA).
Ein geplantes und systematisches Modell aller erforderlichen
Handlungen, die die Grundlage für die verlässliche Annahme
liefern, dass der Gegenstand oder das Produkt den spezifizierten
technischen Anforderungen entspricht.

Qualitätssicherungseinheit   Abkürzung: → QSE; engl.: → Quality Assurance Unit (→ QAU).
Fachleute, in deren Verantwortlichkeit die Gewährleistung der
→ Konformität mit den Anforderungen der → GLP und der
Organisations-Standards liegt.
Die wichtigsten Aufgaben sind:
– Betreuung von Prüfungen
– Administrative Tätigkeiten
– SOPs, Personaldaten, Audits

Qualitätssicherungs-erklärung   engl.: → Quality Assurance Statement; QS-Erklärung,
QSE-Erklärung bzw. -Statement, QA Statement,
Erklärung, in der Art und Zeitpunkt der Inspektionen, die
inspizierten Phasen der Prüfung sowie Zeitpunkte, an denen der
Leitung und dem → Prüfleiter sowie ggf. einem → Principal
Investigator Inspektionsergebnisse berichtet wurden. Eine solche
Erklärung ist dem → Abschlussbericht jeder einzelnen Prüfung
beizulegen.

Qualitätssicherungs-programm

engl.: quality assurance program
Ein definiertes System, dessen Personal von der Prüfungsdurchführung unabhängig ist, und das der Leitung der → Prüfeinrichtung Gewissheit gibt, dass die Grundsätze der → GLP eingehalten werden.
Dem Qualitätssicherungsprogramm werden bestimmte Aufgaben zugeordnet. Es sollte in schriftlicher Form als Handbuch oder Standardarbeitsanweisung vorliegen.

Qualitätssicherungs-system

[GMP] Ein von der Qualitätspolitik und dem → Qualitätsmanagement der Betriebsleitung ausgehendes, umfassend geplantes und korrekt durchgeführtes System der Qualitätssicherung, das → QK beeinhaltet.

Qualitätsspezifikation

Die Gesamtheit der vorausgesetzten, festgelegten und bewertbaren Eigenschaften eines Produktes, eines Systems oder einer Tätigkeit.

Qualitätssystem

engl.: quality system; → Qualitätsmanagement-System
Aufbaustruktur und Ablauforganisation zur Durchführung des Qualitätsmanagements.

Qualitätsverbesserung

Überall in der Organisation eingreifende Maßnahmen zur Erhöhung der Effektivität und Effizenz von Tätigkeiten und Prozessen um zusätzlichen Nutzen sowohl für die Organisation als auch für ihre Kunden zu erzielen (DIN EN ISO 840, Punkt 3.8).

Qualitätswerkzeuge

engl.: tools of quality = (elementare) Werkzeuge der Qualitätssicherung.
Sieben Qualitätswerkzeuge, Q7.
Einfache Hilfsmittel, die auf grafischen Darstellungen aufbauen, um Probleme zu erkennen, zu verstehen und zu lösen:
– Fehlersammelliste,
– Histogramm,
– Korrelationsdiagramm/Streudiagramm,
– Qualitätsregelkarte,
– Paretro-Diagramm,
– Brainstorming und
– Ursache-Wirkungs-Diagramm.

Qualitätszirkel

Kleine, fest eingerichtete Gruppe von etwa 5-12 Mitarbeitern, die regelmäßig zusammentreffen, um in ihrem Arbeitsbereich auftretende Probleme freiwillig und selbstständig zu bearbeiten. Die Sitzungen werden von einem Kollegen oder Vorgesetzten geleitet bzw. moderiert, dauern etwa 1-2 Stunden und finden regelmäßig während der Arbeitszeit statt. Sie müssen in die vorhandene Unternehmensstruktur eingebunden werden. Eine sogenannte *Steuergruppe* dient als Koordinations- und Betreuungsstelle.

Qualitative Variable

Eine Kenngröße, die man nicht messen kann, z. B. Rasse und Geschlecht.

Quality Awards

Qualitätsauszeichnungen

Quality Control

engl.: → Qualitätskontrolle

quantifizierbar

Zuordnung einer Größe zu einer charakteristischen und messbaren Eigenschaft. Die Größe sollte durch → Präzision und → Richtigkeit definierbar sein.

Quellcode

engl.: source code
Quellcode einer Software ist das eigentliche Programm, das von Menschen gelesen werden kann (Programmiersprache). Es muss in Maschinensprache übersetzt werden, damit es von einem Computer ausgeführt werden kann.

Quelldaten

→ Originaldaten

Queries

vom engl.: query = Fragezeichen
Nachfragen beim periodischen → Monitoring von → Klinischen Prüfungen.

QWP

Abkürzung für „Quality Working Party"; eine CPMP-Arbeitsgruppe zum Thema „Qualität".

R

RADAR

Abkürzung für „Risk Assessment of Drugs – Analysis and Response".

Random allocation

engl.: allocation = Zuteilung, Zuweisung.
Zuordnung in Behandlungs- oder Kontrollgruppe.

Randomisierung

engl.: randomization = Randomisation; engl.: random = zufällig
1. In der empirischen Forschung die zufällige Auswahl, Zusammenstellung oder Anordnung von Untersuchungselementen in Testanordnungen. Basierend auf wahrscheinlichkeitstheoretischen Gesetzen, gewährleistet die Randomisierung innerhalb statistischer Zufallsschwankungen die sich bewegende, von systematischen Fehlern freie Merkmalsverteilung von Experimental- und Kontrollgruppen.
2. [GCP] Das Verfahren der Zuordnung von Prüfungsteilnehmern zu Behandlungs- oder Kontrollgruppen, wobei die Zuordnung nach einem Zufallsmechanismus vorgenommen wird, um Verzerrungen zu vermindern.

Random number table

Tabelle von Nummern ohne erkennbares System, die z. B. zur Auswahl in → Klinischen Studien dient.

Range

= Reihe, Kette, Kollektion, Sortiment, Umfang, Bereich, Spielraum, Reichweite (engl.)
Kommt z. B. beim Messbereich (von ... bis ...) zur Anwendung.

Rangordnung der Kalibriernormale

→ Kalibrierhierarchie:
→ Primärnormal
→ Bezugsnormal
→ Gebrauchsnormal

Rapporteur	Berichterstatter; franz.: rapport = das Wiederbringen Bericht, (dienstliche) Meldung. → CPMP-Mitglied, der zusammen mit einem Mitberichterstatter (→ Co-Rapporteur) den Antragsteller beim europäischen Zulassungsverfahren eines Arzneimittels berät und unterstützt. Er erstellt den Bewertungsbericht (→ Assessment Report) zu dem Zulassungsantrag und koordiniert die Klärung von Einwänden von Seiten der anderen EU-Mitgliedsstaaten.
RCT	Abkürzung für „Randomized Clinical Trial".
R&D	Abkürzung für „Research and Development"; Forschung und Entwicklung, Abkürzung: F+E.
RDE	Abkürzung für → „Remote Data Entry".
Reagenz (Reagens)	engl.: reagent; Plural: Reagentien. Chemischer Stoff besonderer Reinheit, der chemische Reaktionen bewirkt und zum qualitativen und/-oder quantitativen Nachweis von Substanzen oder Substanzgruppen dient.
REB	Abkürzung für „Research Ethics Board" (Kanada); auch → CCI, → CCPPRB, → EAB, → EC, → IEC, → IRB, → LREC, → NRB.
Recommendation	= Empfehlung, Vorschlag (engl.) [FDA] Empfehlungen des Inspektors im → Audit-Report zur Bewertung der Inspektion durch die entsprechende Behörde, z. B. → NAI, → VAI oder → OAI.
Recorder	engl.: record = Aufzeichnung, engl.: recorder = Registrator Runde Aufzeichnungsscheibe (ähnlich einem Fahrtenschreiber) zur Erfassung gerätespezifischer Parameter über einen gewissen Zeitraum z. B. Temperature Recorder bei Tiefgefriereinrichtungen.
Recruitment (investigators)	engl.: recruitment = Einstellung, Rekrutierung. Vom Auftraggeber (→ Sponsor) benutzte Vorgehensweise zur Auswahl der Untersucher (→ Investigator) für → Klinische Prüfungen.
Recruitment (subjects)	Vorgehensweise des → Sponsors um verwendbare Merkmale (Subjects) in eine → Klinische Prüfung einzubinden, z. B. bezogen auf die Einschluss- und Ausschlusskriterien.

Recruitment period   Zeitraum, indem der Untersucher das Verzeichnis der Merkmale einer → Klinischen Prüfung erstellt haben muss.

Referee   = Sachbearbeiter, Referent (engl.)
QA-Officer oder QA-Sachbearbeiter (→ QA).

Reference Member State   Abkürzung: → RMS
Erstzulassender (EU) Mitgliedsstaat.

Referenzgegenstand   engl.: reference item
Ein Objekt, das zum Vergleich mit dem Prüfgegenstand verwendet wird; früher → Referenzsubstanz genannt.

Referenzmaterial   Materialien oder chemische Stoffe, bei denen die Werte für eine Eigenschaft oder mehrere Eigenschaften in ausreichendem Maß bekannt sind, um sie zur Prüfung eines Instruments, zur Bewertung eines Messverfahrens oder zur Bestimmung von Werten für Materialien zu verwenden (z. B. Produkte, deren Werte in → Ringversuchen ermittelt werden).

Referenznorm   → Norm, die im Allgemeinen den höchsten Stand der Metrologie an einem bestimmten geografischen Ort verkörpert und mit der an diesem Ort durchgeführte Messungen verglichen werden.
Die Referenznorm eines Unternehmens dient der → Kalibrierung der in dem Unternehmen geltenden → Arbeitsnormen.
Die Bezugsnorm sollte direkt oder indirekt in Verbindung mit einer → Primärnorm gebracht werden können.

Referenzstandard   Ein Referenzstandard (oder Referenzstandardsubstanz, Referenzstandardmaterial, → Referenzmaterial, reference material, reference item) ist ein Objekt, das zum Vergleich mit dem Prüfgegenstand verwendet wird. Referenzstandards können auch als *primary, secondary* oder *working standard* bezeichnet werden. Referenzstandards werden in analytischen Untersuchungen (assays) für die Prüfung auf Identität, Reinheit und Gehalt eingesetzt.
Die Sicherstellung und Überwachung der Qualität und des Gehalts von offiziellen Referenzstandards liegt in der Befugnis von nationalen und internationalen Behörden.
Eigene Referenzstandards werden den offiziellen Referenzstandards gleichgesetzt, wenn ein chargenbezogenes → Analysenzertifikat vorliegt, welches Aufschluss über Identität, Reinheit und Gehalt gibt. Wird z. B. in bestimmten Monografien (der Arzneibücher) die Verwendung von Referenzstandards vorgeschrieben, so sind diese nur für den vorgesehenen Zweck („Zweckbestimmung") zu verwenden und *nicht* notwendigerweise für andere Prüfungen

geeignet (z. B. Einsatz eines IR-Referenzstandards für die
Prüfung auf Verunreinigung).

Die Dokumentation, Kennzeichnung und Lagerung von
Referenzstandards bezieht sich einerseits auf alle offiziellen
Referenzstandards anerkannter Pharmakopöen (z. B. chemischer
Referenzstandard, BP Referenzstandard, USP Referenzstandard),
andererseits auf eigene (firmeninterne) Referenzstandards, die zur
Identitätsprüfung, quantitativen Bestimmung des Gehalts bzw.
der Aktivität sowie der Bestimmung von Synthese- und Neben-/
Abbauprodukten, Rückständen und Metaboliten eingesetzt werden.

Referenzsubstanz

engl.: reference (control) substance; → Vergleichssubstanz
1. Alte Bezeichnung für eine gut charakterisierte chemische
Substanz oder eine Mischung außer der Prüfsubstanz, die zum
Vergleich mit der Prüfsubstanz verwendet wird.
2. Die Begriffsbestimmung der amerikanische Umweltbehörde
(EPA) lautet: „... chemische Substanzen oder Mischungen,
analytische Standards oder Materialien − mit Ausnahme von
Prüfsubstanzen, Futter oder Wasser −, die im Verlauf einer Prüfung
dem Prüfsystem verabreicht oder zur Untersuchung des
Prüfsystems benutzt werden, um für bekannte chemische oder
biologische Messungen eine Vergleichsbasis mit der Prüfsubstanz
herzustellen."
Gemäß Europäischem Arzneibuch unterscheidet man *Chemische
Referenz Substanzen (CRS)* und *Biologische Referenz Substanzen
(BRS)*. Typische Einsatzgebiete sind Identitäts- und
Reinheitsprüfungen sowie Gehaltsbestimmungen.

Regel

mlat.: regula = Ordensregel (Richtholz, Richtschnur)
Allgemeine Bezeichnung für Richtlinie, Norm oder Vorschrift.

Regelabweichung

Bezeichnet in der Technik bei der Regelung die → Abweichung des
Ist-Werts einer Regelgröße vom Ist-Wert der Führungsgröße.
Bei Festwertregelungen ist sie die Differenz zwischen Ist- und
Soll-Wert der Regelgröße. Falls die Regelabweichung nach einem
Sprung der Stör- oder Führungsgröße einem konstanten Wert
zustrebt, spricht man von *bleibender Regelabweichung* (bei
Proportionalregelungen von *Proportionalabweichung*).
Als *Überschwingweite* wird die maximale Differenz zwischend der
Regelabweichung und der bleibenden Regelabweichung, die auf den
ersten Vorzeichenwechsel dieser Differenz folgt, bezeichnet.

Regel der Technik

Weitgehend in der Praxis im Einsatz befindliche Festlegung oder
Maßnahme, die dem → Stand der Technik entspricht.

Regelgröße

In einem → Regelkreis die zu regelnde physikalische Größe (z. B. Leistung, Spannung, Temperatur), die Ausgangsgröße (Ausgangssignal) der Regelstrecke ist.

Kann die Regelgröße nicht unmittelbar von der Regelstrecke geliefert werden oder wird mit der von der Regelstrecke gelieferten Regelgröße eine weitere Größe derart verändert, dass diese als Eingang des Reglers dienen kann, wird sie als *Ersatz-Regelgröße* bezeichnet.

Eine *Hilfs-Regelgröße* wird in trägen Regelstrecken oder mehrschleifigen Reglern zusätzlich abgegriffen und auf eine Hilfsregeleinrichtung geleitet, mit der Störungen am Eingang der Regelstrecke schneller geregelt werden können.

Wird die Hilfs-Regelgröße zusätzlich mit der eigentlichen Regelgröße auf die Regelstrecke geschaltet, bezeichnet man sie als *stabilisierende Hilfsregelgröße*.

Regelkreis

Ein geschlossener Wirkungsweg aus Regelstrecke und Regeleinrichtung, in dem eine Regelung durchgeführt wird. Innerhalb eines Regelkreises wird der Wert der Regelgröße (Ist-Wert) von einer Messeinrichtung am Messort fortwährend erfasst und mit dem vorgegebenen Soll-Wert verglichen.

Regelwerke

Sammelbegriff für alle Arten von externen Vorschriften bzw. Standards. Zu den Regelwerken gehören:
- Gesetze,
- Verordnungen,
- Berufsgenossenschaftliche Vorschriften,
- Richtlinien,
- Normen und
- technische Regelwerke.

Regelwerksverfolgung

Alle Maßnahmen, die für eine systematische Erfassung, Auswertung, Verteilung und Bekanntmachung der einschlägigen Regelwerke erforderlich sind. Zur Regelwerksverfolgung gehört insbesondere die Prüfung neuer oder geänderter Regelwerke auf Relevanz für das Unternehmen sowie ggf. die empfängerorientierte Erläuterung der Regelwerke und die Anpassung interner Standards an geänderte Regelwerke.

Registrierung

Verfahren, wodurch eine Stelle relevante Merkmale eines Produktes, eines Prozesses oder eines Qualitätssystems, oder vom Personal einer Stelle, oder von Personen in einer geeigneten, öffentlich zugänglichen Liste zum Ausdruck bringt.

Regulatory Authorities [GCP] = regulierende Amstgewalt, Behörde, Gesetzgeber (engl.)

Reiner Bereich engl.: clean area
[GMP] Ein klar begrenzter Bereich, in dem die Konzentration von Partikeln und Mikroorganismen kontrolliert wird.

Reinraum [GMP] Raum, welcher den Anforderungen einer genormten → Reinraumklasse entspricht.

Reinraumklasse Kategorie von Raum mit vorgeschriebener Maximalbelastung von Partikeln und Mikroorgansimen, z. B. Klasse A, B, C und D in absteigender Reinheit in der EU oder Class 100, 1000, 10.000 und 100.000 in den USA.

Re-Inspektion Betrifft die erneute Inspektion, zweite Inspektion, Wiederholungs-Inspektion.

Re-Kalibrierung Betrifft die erneute → Kalibrierung.

Relative Zentrifugal-beschleunigung (RZB) engl.: relative centrifugal acceleration
Die Zentrifugal- oder Zentripedalbeschleunigung (ZB) ist die durch die Kreisbewegung des Zentrifugen-Rotors erzeugte, auf das Zentrifugiergut wirkende Beschleunigung, deren Wert in cms^{-2} angegeben wird.
Mit der relativen Zentrifugalbeschleunigung (RZB) ist der anschauliche einheitenfreie Zahlenwert bestimmt, der sich aus dem Quotienten aus ZB und Fallbeschleunigung g („Erdbeschleunigung") ergibt.
RZB = ZB / g
$g = 981\ cms^{-2}$
Die RZB wirkt während einer willkürlich gewählten Zeitspanne auf das Zentrifugiergut ein und kann aus *Zentrifugierradius* (Schleuderradius) und *Drehzahl* (n) errechnet werden.
$RZB = 1{,}118 \times 10^{-5} \times r \times n^2$
r = Zentrifugenradius (cm)
n = Drehzahl (m^{-1})
Da:
ZB = **RZB** $\times$ **g** und **RZB** = r $\times$ ω sowie ω = 2 $\times$ π $\times$ n
gilt auch:
$$RZB = \frac{r \times 4\pi^2 \times n}{981 \times 60^2}$$

Remark

= Bemerkung, Beachtung (engl.)
Betrifft z. B. → Notizen (Anmerkungen) über Unklarheiten bzw. Unstimmigkeiten, die ein QA-Sachbearbeiter im Rahmen der Überprüfung von → Rohdaten macht.

Remote Data-Entry

Abkürzung: → RDE
Electronic Data Capture (EDC)
EDV-Eingabesysteme zur dezentralen Erfassung von Daten, z. B. beim → Prüfarzt aufgestellte Eingabe-Terminals, die über eine sichere Verbindung zu einem zentralen Datenbank-Server verfügen.

Reparatur

engl.: repair = ausbessern, wieder gutmachen; vom lat.: reparare = wieder erneuern.
Ungeplante Modifikation an Geräten und Geräteteilen; Wiederherstellen, Erneuern eines Zustands zur weiteren Verwendung.
Die Dokumentation kann in sogenannten *Reparatur-Karten* erfolgen. Maßnahmen, um an einem Produkt, welches den beabsichtigten → Anforderungen nicht entspricht, die Bedingungen zur Erfüllung der Anforderungen wieder herzustellen.

Report

= → Bericht, Mitteilung (engl.-franz.), vom lat.: reportare = überbringen; → Abschlussbericht
Systematischer Bericht (Dokumentarbericht) von wissenschaftlichen Untersuchungen über (aktuelle) Ergebnisse und Entwicklungen.

Report (narrative)

→ Narrativer Bericht

Report of the part

= → Teilbericht (engl.)
Bericht von einer Teilprüfung, die mit einer QA-Erklärung versehen ist.

Repräsentative Probe

Probe, die nach einem festgelegten Verfahren entnommen wird, z. B. um Informationen über die → Charge oder das → Los zu erhalten.

Representative

= vorbildlich, repräsentativ, typisch, bezeichnend (engl.); → Legally acceptable representative.

Reproduzierbarkeit

Wiederholbarkeit der Ergebnisse eines Verfahrens, einer Prüfung oder einer Tätigkeit innerhalb vorgegebener Grenzen.

Requalifizierung

→ Revalidierung; → MQ

Request
= Gesuch, Bitte, Ersuchen, Nachfragen (engl.)
z. B. Mitteilung, welcher Punkt vom Auditor (QA) inspiziert wurde.

Responsible Scientist
= verantwortlicher Wissenschaftler (engl.)
So z. B. (engl.) responsible analyst = verantwortlicher Analytiker.

Retest
Wiederholter Test (zur Bestätigung oder Klärung).
Die Anzahl von Retests bei nicht erklärbarem → OOS-Ergebnis wird
mit 7-8 angegeben.

Retrospektive Validierung
Nachträglich, rückblickend durchgeführte → Validierung. Es ist das
Mittel der Wahl bei Altsystemen.

Revalidierung
Erneute, wiederholte → Validierung bzw. Qualifizierung einer früher
bereits durchgeführten Validierung, z. B. bei
– Änderung der Probenzusammensetzung,
– Änderung der apparativen Ausrüstung,
– Änderung der Methode und
– Änderungen im Rahmen der vorgeschriebenen Methode
  (Anpassung an den routinemäßigen Gebrauch).

Review
= Rundschau, Übersicht (engl.); u. a. Besprechung, Rezension,
Kritik.
Nachprüfung, systematische Überprüfung und Bewertung von
Daten, z. B. Review der Herstelldokumentation.

Review certification
= Freigabe → Zertifikat (engl.)

Reviewer
= Rezensent (engl.); Verfasser einer Rezension (lat.: Musterung),
1. Kritische Besprechung, Betrachtung oder Wertung von
Textvorlagen, z. B. wissenschaftlicher Werke.
2. [FDA] Inspektor, der den → Report (narrativ) erstellt.

Revision
mlat.: revidere = prüfende Wiederdurchsicht; nochmalige
Durchsicht, Nachprüfung.
Dies betrifft z. B. auch die routinemäßige Überprüfung der → SOPs.

Richtigkeit
engl.: accuracy = Genauigkeit; systematische → Messabweichung
Qualitative Bezeichnung für das Ausmaß der Annäherung des
Ergebnisses an einen wahren Wert. Ursache sind Störeinflüsse,
z. B. von einem verwendeten Sensor.
Drückt auch die Übereinstimmung mit dem „wahren Wert" aus.

Richtlinien

engl.: guidelines
Verbindliche Rechtsvorschriften, z. B. der EU, deren Ziele binnen
einer Frist in innerstaatliches Recht umzusetzen sind.
Aber auch Vorgaben zur Unfallverhütung, z. B. Richtlinien für die
Laboratorien der Berufsgenossenschaften.

Richtwerte

engl.: standard values
Allgemeine physiologische, biochemische, morphologische oder
reproduktions-biologische Angaben für eine Art. Sie stellen nur
Richtwerte dar, da sie unabhängig vom Stamm, Alter und meist
auch Geschlecht sowie ohne Bezug auf die Bedingungen, unter
denen sie gewonnen wurden, in allgemeinen Datensammlungen
angeführt werden.

Ringversuch

→ Qualitätssicherungssystem unter Einatz einer externen
Richtigkeitskontrolle der Messwerte, die von einem Labor für die
einzelnen → Analyten erzeugt werden. Die Durchführung der
externen Qualitätssicherung obliegt den in den „Richtlinien der
Bundesärztekammer zur Qualitätssicherung in Medizinischen
Laboratorien" (RiLiBÄK) benannten Ringversuchsleitern.

Risikoanalyse

Bewertung eines Systems hinsichtlich der Produktgefährdung im
Falle einer Fehlfunktion.

Risk

= Gefahr, Wagnis, Risiko (engl.)
Benennt die Möglichkeit, dass in → Klinischen Studien schädliche
und unbehagliche → Nebenwirkungen auftreten können.
Akzeptable Risiken hängen vom Therapieziel des Arzneimittels ab.
So ist es möglich, dass geringe Nebenwirkungen in Kauf genommen
werden.

RL

Abkürzung für „Regulatory letter"; FDA post-audit letter.

RMS

Abkürzung für → Reference Member State.

Robustheit

Weist auf die Fähigkeit einer Prüfmethode hin, auch bei nicht
exakter Einhaltung der vorgeschriebenen Bedingungen während
der Aufarbeitung entsprechend verlässliche Werte zu liefern.
Als quantitatives Maß wird die Vergleichspräzision angesehen.
Die Robustheit (engl.: ruggedness) einer Analysenmethode zeigt den
Grad der Vergleichbarkeit von Analyseergebnissen an, die bei der
Untersuchung der gleichen Probe innerhalb der Variationsbreite
und bei normalen Prüfbedingungen erhalten werden.

Rohdaten

engl.: raw data, hardcopies; → Quelldaten

1. Alle ursprünglichen Aufzeichnungen und Unterlagen der → Prüfeinrichtung oder deren überprüfte Kopien (→ Zertifizierte Kopien), die als Ergebnis der ursprünglichen Beobachtungen oder Tätigkeiten bei einer Prüfung anfallen. Dazu gehören z. B. Fotografien, Filme, Videoprints, Mikrofilm- oder Mikrofichekopien, computerlesbare Medien, diktierte Beobachtungen, grafische Darstellungen verschiedenster Art, aufgezeichnete Daten von automatisierten Geräten oder irgendwelche anderen Daten auf Speichermedien, die anerkanntermaßen geeignet sind, Informationen über einen, wie im Abschnitt 10 der → GLP (→ Archiv) beschrieben, festgelegten Zeitraum sicher zu speichern.

2. [FDA] Die amerikanische Arzneimittelbehörde umschreibt den Begriff folgendermaßen: „Rohdaten umfassen alle Laborbefundbögen, Aufzeichnungen, Aktenvermerke, Notizen oder genaue Kopien davon, die als Ergebnis der ursprünglichen Beobachtungen und Handlungen bei einem nichtklinischen Versuch anfallen und zur Rekonstruktion und Auswertung des Berichts über diesen Versuch erforderlich sind. Falls genaue Abschriften von solchen Rohdaten erstellt worden sind, z. B. Tonbandniederschriften, die datiert wurden und deren → Richtigkeit durch Unterschrift bestätigt wurde, kann die exakte Kopie oder genaue Niederschrift die ursprüngliche Quelle als Rohdaten ersetzen."

3. [GCP] Bestehend aus Versuchsunterlagen (*Trial Master File*) einschließlich der Informationsdokumentation (*Communication Log*).

Aufgeklebte Geräte-Ausdrucke, die als Rohdaten aufbewahrt werden, sollten (an einer Ecke) mit Datum vom Betreffenden abgezeichnet werden.

Prüfungsbezogene Rohdaten können sein:
Papierunterlagen
– Unterlagen über die → Versuchstiere und ihre Haltung
– Unterlagen über den Prüfgegenstand
– Unterlagen über die Prüfung und
andere Unterlagen, z. B. Filme, Fotografien, Dias, Videoprints usw.
Nicht-prüfungsbezogene Rohdaten sind z. B.:
– Personalunterlagen/Unterschriftenlisten
– Laborjournale und Präparatebücher
– Geräteunterlagen (Kontrollblätter)
– Schadstoffanalysen
Diese werden separat aufbewahrt.

Keine Rohdaten sind z. B.:
- Bestellungen/Rechnungen,
- Briefwechsel,
- Dienstpläne,
- Faxe/Telegramme,
- Inhaltsverzeichnisse, Registereinlagen, Zwischenblätter,
- Interne Inspektionsberichte der → QSE,
- Transport- und Lieferscheine und
- Werbematerial.

Round tables

= runder Tisch (engl.)
z. B. Dialog zwischen Pharmaindustrie und deutschsprachigen Inspektoraten sowie der → FDA.

rpm

Abkürzung für „revolutions per minute".
Umdrehungen pro Minute (z. B. bei Zentrifugen).

R&TD

Abkürzung für „Research and Technological Development";
Forschung und technische Entwicklung.

Rückführbarkeit

→ Rückverfolgbarkeit
Sie bezeichnet den Vorgang, die Messgröße des → Prüfnormals auf eine allgemein gültige physikalische Basisgröße zurückzuführen.
Vorgang, durch den der angezeigte Messwert eines Messgerätes über einen oder mehrere Schritte mit dem nationalen → Normal für die Messgröße verglichen werden kann.
Als physikalische Basisgrößen dienen:
- Länge,
- Masse,
- Zeit,
- Elektrische Stromstärke,
- Temperatur,
- Stoffmenge und
- Lichtstärke.

Rückgabe

Zurücksenden eines Produkts an den Hersteller oder Vertreiber, unabhängig davon, ob ein Qualitätsmangel vorliegt oder nicht.

Rückruf

Systematische Rückholaktion einer auf dem Markt befindlichen Produktcharge.

Rückstände

1. Bei Nahrungs- und Genussmitteln in geringer Menge nachweisbare Reste von Pflanzenschutz- oder Schädlingsbekämpfungsmitteln, Futterzusatzstoffen u. a., z. B. Stoffe mit pharmakologischer Wirkung oder deren Umwandlungsprodukte nach der → Applikation im Gewebe bei landwirtschaftlichen Nutztieren. Das Fleischhygienegesetz bezieht auch die Umweltkontaminanten in den Begriff „Rückstände" ein.
Die in der BRD zugelassenen Mengen an toxischen Rückstands-Stoffen sind in der → Höchstmengenverordnung festgelegt.
2. In der Chemie versteht man unter „Rückstände" auch die Substanzen, die bei chemischen Umsetzungen, Aufschlüssen, Trennungsoperationen und Lösungsvorgängen zurückbleiben und abgetrennt werden können.

Rückstand, duldbarer

→ Rückstandshöchstmenge; → MRL

Rückstandshöchstmenge

engl.: maximum residue limit; Abkürzung: → MRL.
Auf Grund einer Verordnung Nr. 2377 (EWG) des Rates festgesetzte Höchstmenge von Tierarzneimittelrückständen in Nahrungsmitteln tierischen Ursprungs, bezogen auf die Frischmasse des betreffenden Gewebes. MRL (bestimmt anhand eines Markers) gibt die Menge an pharmakologisch wirksamen Stoffen und ihren Umwandlungsprodukten (Metaboliten) an, die bei lebenslanger täglicher Aufnahme in Lebensmitteln tierischer Herkunft ohne Gefahr für die menschliche Gesundheit ist und bei Ablauf der → Wartezeit unterschritten sein muss. Die Summe aller MRL-Werte in Lebensmitteln tierischer Herkunft (Fleisch, Milch, Eier, Honig) darf den → ADI-Wert nicht überschreiten. Bei Umwidmung von Tierarzneimitteln hat der Tierarzt eine Überschreitung der MRL-Werte durch Festsetzung einer ausreichend langen Wartezeit auszuschließen. MRL-Werte sind in den Anhängen I (endgültige) und III (vorläufig) aufgeführt und verbindlich in allen EU-Mitgliedsstaaten. In Anhang II sind Stoffe verzeichnet, für die keine MRL-Werte gelten, da keine Rückstände mit Gesundheitsrisiko gebildet werden; Stoffe in Anhang IV sind europaweit zur Anwendung bei Lebensmittel-liefernden Tieren verboten, da keine für den Verbraucher unbedenkliche Höchstmengen ermittelt werden können. Ab dem 01.01.2000 dürfen nur noch Stoffe aus den Anhängen I-III bei Lebensmittel-liefernden Tieren angewendet werden.

Rückstandsuntersuchung
Stichprobenartige Kontrolle (2 % aller geschlachteten Kälber, 0,5 % aller anderen geschlachteten Tiere) auf Umweltkontaminaten bzw. Einsatz von Medikamenten bei Schlachttieren. Im Verdachtsfall erfolgt zusätzliche Untersuchung. Die technische Durchführung ist geregelt in der Verwaltungsvorschrift zum Fleischhygienegesetz. Mit der EWG-VO 2377/90 sind MRL-Werte geschaffen worden, die eine rechtliche Orientierung ermöglichen. Die Probennahme erfolgt in Abhängigkeit vom Zielstoff in unterschiedlichen Geweben.

Rückstellmuster
engl.: retention sample, reserve sample; → Standmuster
Muster des Prüfgegenstandes, das aufbewahrt wird.
Für eine eventuelle analytische Absicherung ist von jeder Charge eines Prüfgegenstandes, der in einer Prüfung, mit Ausnahme von Kurzzeit-Prüfungen, verwendet wird, ein Rückstellmuster aufzubewahren.
Die Definition ist auslegungsbedürftig wegen der unklaren Definition von → Kurzzeit-Prüfungen. Die Forderung aus den ursprünglichen Grundsätzen lautet: „bei einer Prüfdauer von mehr als vier Wochen ist von jeder Charge ein Muster der Prüfsubstanzen für analytische Zwecke aufzubewahren."
[FDA/EPA] In Amerika wird von beiden Organisationen gefordert: „For studies of more than 4 weeks experimental duration, reserve samples ... shall be maintained ..."
Menge und Aufbewahrungsbedingungen sind nach der Zweckbestimmung festzulegen. Die Menge von z. B. ca. 1 Gramm sollte für eine Re-Analyse ausreichen. Sinnvoll ist es, das Muster direkt bei Beginn der Prüfung in einer entsprechenden Menge zu hinterlegen.
Auf Grund der langen, gesetzlich vorgeschriebenen Aufbewahrungsfrist sollte die Aufbewahrung im Kühl- oder Gefrierschrank erfolgen. Muster (und Proben) sind nur solange aufzubewahren, wie deren Qualität eine Auswertung zulässt.

Rückstellprobe
Nach der Hühnereier-VO müssen in Gaststätten und Einrichtungen zur Gemeinschaftsverpflegung von bestimmten Gerichten, die mit Hühnereiern zubereitet wurden, ab einer bestimmten Menge Portionen über einen festgelegten Zeitraum aufbewahrt werden. Im Falle einer eventuellen Infektion oder Intoxikation soll damit die Möglichkeit geschaffen werden, den Weg zum Hersteller zurückzuverfolgen.

Rückverfolgbarkeit
→ Rückfürbarkeit

S

Sache
Sammelbegriff für Produkt (Erzeugnis), System (inklusive Organisation), → Betriebsmittel, Verfahren (Ablauf) und Tätigkeit.

Sachkundige Person
engl.: → Qualified Person
Person im Betrieb mit gesonderter Qualifikation und Verantwortung zur Sicherstellung bestimmter Aufgaben und Funktionen.

SAE
Abkürzung für „Serious Adverse Event"; schwerwiegende → Nebenwirkungen.

Safety
engl.: → Sicherheit
Relative Freiheit von Schäden in → Klinischen Prüfungen.

Sample Receipt Sheet
Abkürzung: SRS
Probenübergabeprotokoll mit Empfangsbestätigung.

Sanitierung
Ein Objekt in einen den Anforderungen der jeweiligen Situation zweckentsprechenden Zustand der Hygiene zu bringen.

SBA
Abkürzung für „Summary Basis of Approval"; Summe der Basisübereinstimmungen.

SC
Abkürzung für „Study Coordinator"; siehe auch → CRC, → CCRC, → SSC.

Scale-Up
Beschreibt die Maßstabsvergrößerung eines Verfahrens, ohne Änderung in der Verfahrensgestaltung. Geändert werden lediglich Geräte oder Anlagenkomponenten bedingt durch die Änderungen der Volumina bzw. Volumenströme.

Schätzeisen
Scherzhafte Bezeichnung für ein ungenaues, minderwertiges, meist billiges → Prüfmittel (Massenware).

Scheinmedikament   → Placebo

Schleuderzahl

Zentrifugen-Kennzahl, K_Z
Die Schleuderzahl ist das Verhältnis der erreichbaren Zentrifugal-
oder Fliehkraft zur Schwerkraft (Beschleunigungsverhältnis).
$K_Z = (2 \pi n)^2 \, r \, / \, 9{,}81 \ (ms^{-2})$
n = Drehzahl
r = Radius
Dieses Maß für die Wirksamkeit einer Zentrifuge kann je nach
Zentrifugenart unterschiedliche Werte erreichen, z. B. 5.000 bis
10.000 bei modernen Dekantern und etwa 1 Million bei
Ultrazentrifugen.

Schleuse

Ein geschlossener Raum mit zwei oder mehreren Türen, der sich
zwischen zwei oder mehreren Räumen befindet und dem Zweck
dient, den geregelten Luftstrom und Luftdruck zwischen den
angrenzenden Räumen beim Übergang von einem Raum zum
anderen zu erhalten.

Schnittstellen-Audit

Die Schnittstelle ist die Berührungs- oder Verbindungsstelle von
Teilsystemen.
Benennt die Beurteilung einzelner Bereiche auf ihre Wirksamkeit
und Effektivität bei definierten Verfahrensabläufen zwischen zwei
oder mehreren sich überschneidenden Abteilungen bzw. Bereichen.
Damit wird geprüft, ob die dokumentierten Prozessparameter und
ihre wesentlichen Einflussgrößen bekannt sind und eingesetzt
werden.

Schulung

lat.: schola = Unterricht(sstätte), Muße, Ruhe; grch.: schole = das
Innehalten (bei der Arbeit); engl.: training =Ausbildung, Schulung
Schulungskurs, Schulunterricht.
Gemeinsamer und planmäßiger Unterricht (für das Personal).

Schulungsbeauftragter

[GMP] Mitarbeiter, der die firmeninternen Schulungen im Bereich
durchführt. Neben seiner fachlichen Qualifikation muss er vertraut
sein mit den verschiedenen Schulungstechniken, um eine
erfolgreiche Schulung – durch Erreichen der Qualifizierung und
Motivierung der Schulungsteilnehmer – zu vermitteln.

Schweden

EU-Mitgliedsstaat, in dem → GLP implementiert ist.
Zum Ministerium für soziale Angelegenheiten gehört die GLP-
Überwachungsbehörde „Läkemedelsverket" (Medical products
agency, MPA), zuständig für Pharmazeutika, Kosmetika und
Hygieneartikel. Die Behörde „Styrelsen för ackreditering och teknisk
kontroll" (Swedish board of accreditation and conformity

assessment, SWEDAC) untersteht dem Außenministerium und ist für die anderen Chemikalien zuständig.
Die routinemäßigen Inspektionen finden alle Jahre (SWEDAC) bzw. alle zwei Jahre (MPA) statt. Mit den USA (→ FDA) und Japan (Ministry of health and welfare) wurden zwei Memoranda ausgehandelt.
Das GLP-Überwachungsprogramm besteht seit 1979 (MPA) bzw. 1991 (SWEDAC).

SD

Abkürzung für → Study Director, aber auch für „Standard Deviation" (Standardabweichung); → Prüfleiter

SDV-Liste

Dokument, in dem die Durchführung der „Source Data Verification" (SDV) als Nachweis festgehalten ist.

Seiri, Seiton, Seiso, Seiketsu, Shitsuke

Fünf S, „Total Productive Maintenance" (TMP).
Japanische Begriffe aus dem „Toyota Production System" (TPS), die in fünf Schritten ein System der Instandhaltung von Produktionsmitteln beschreiben:
Seiri = Ordnung schaffen
Seiton = Ordnungsliebe
Seiso = Sauberkeit
Seiketsu = persönlicher Ordnungssinn
Shitsuke = Disziplin

Sekundärpackmittel

→ Verpackungsmittel; → Primärpackmittel.

Self-inspection

[GMP] = Selbstinspektion (engl.)

Seminar

lat.: seminarium = Pflanzschule, Baumschule
In Österreich und der Schweiz auch „Seminarien" genannt.
Ausbildung, Lehrgang, Übungskurs.
In der Regel extern durchgeführte, mehrtägige, kostenträchtige (Seminargebühren), wissenschaftliche Informationsveranstaltung.

Sensitivität

Nachweisvermögen der kleinsten Messdifferenz.

Serious Adverse Drug Reaction

Abkürzung: serious → ADR
Jedes unglückliche, medizinische, dosisbezogene Vorkommen (bedenkliche, ernste, schwerwiegende, beträchtliche, gefährliche, ernsthafte → Nebenwirkung), z. B. Todesfälle, verlängerter Krankenhausaufenthalt, Geburtsschäden, Abnormalitäten usw.

Serious Adverse Event

Abkürzung: → SAE

Serious Adverse Experiments

Abkürzung: serious → AE
Die „Nordic Guidlines for Good Clinical Trial Practice" definieren damit jedes Experiment, dass zu signifikanten Zufällen, Kontraindikationen, → Nebenwirkungen oder Vorsichtsmaßregeln führt.

Short-term Study

= → Kurzzeitprüfung, Routineprüfung (engl.)

Sicherheit

engl.: security; vom lat.: securus = sicher; engl.: → Safety
1. Der Schutz der Hardware und Software vor Zugriff, Benutzung, Änderung, Zerstörung oder Offenlegung, die zufällig geschehen oder vorsätzlicher Natur sein können. Aspekte der Sicherheit betreffen auch personenbezogene Daten, Datenübertragung und den physischen Schutz der Rechenanlage.
2. Die Vorstellung von Sicherheit wird mit den Begriffen Geborgenheit, Schutz, Risikolosigkeit, Gewissheit, Verlässlichkeit, aber auch mit Selbstbewusstsein, Vertrauen und Geschicklichkeit und nicht zuletzt mit Verfügbarkeit, Garantiertheit, Voraussehbarkeit, Berechenbarkeit und Haltbarkeit verbunden. Als Gegenbegriff verweist Sicherheit auf Gefahr, Risiko, Unordnung und vor allem Angst.
3. Für → Klinische Studien bedeutet dies ein Fehlen von Nebenwirkungen, resultierend aus der ordnungsgemäßen Anwendung und basierend auf den verschiedensten (Labor)untersuchungen.

Sicherheitsdatenblatt

engl.: safety data sheet
Wer als Hersteller, Einführer oder erneuter Inverkehrbringer gefährliche Stoffe oder Zubereitungen in den Verkehr bringt, hat dem Abnehmer spätestens bei der ersten Lieferung ein Sicherheitsdatenblatt zu übermitteln. Diese Produktinformation ist an den Abnehmer kostenlos sowie in deutscher Sprache und mit Datum versehen abzugeben.
Es dient der Sicherheit im Umgang mit diesem Produkt und enthält u. a.
– den Produktnamen und Angaben über den Hersteller
– Zusammensetzung und Informationen über die Inhaltsstoffe
– Gefährdungsmerkmale,
– Erste-Hilfe-Maßnahmen,
– Feuer- und Explosionsgefährdung,
– Unfallgefährdung,
– Handhabung und Lagerung,
– Persönliche Schutzmaßnahmen,
– Physikalisch-chemische Parameter,
– Stabilität,

– Toxizität und Ökotoxizität,
– Entsorgung,
– Transportbedingungen,
– Rechtliche Vorschriften und
– andere Informationen.

Side Effect → Nebenwirkung; → Adverse Drug Reaction; → Adverse Event.

Single-blind Study Versuche, bei denen der Teilnehmer nicht weiß, ob er das Medikament oder → Placebo erhalten hat.

Site Allgemeine, gemeinsame Bezeichnung für → Prüfeinrichtung (Test facility) und Prüfstandort (→ Test site) bei → Multi-Site Studies.

Site Master File Beschreibung der Einrichtung.

SLA Abkürzung für „Service Level Agreement"; dienstliche Grundübereinstimmung.

SME Abkürzung für „Significant Medical Event"; signifikante medizinische Erscheinung.

SMO Abkürzung für „Site Management Organization".

SmPC Abkürzung für → Summary of Product Characteristics.

SNDA Abkürzung für „Supplemental New Drug Application".

SOCRA Abkürzung für „Society of Clinical Research Associates". (→ CRA)

SOP Abkürzung für → „Standard Operation Procedures";
→ Standardarbeitsanweisung.

Source Data = Quelle, Ursprung (engl.); → Originaldaten, → Quelldaten
Heißen auch Original- oder → (Roh)daten, auch → Zertifizierte Kopien; original records or certified copies → ICH.

Source Documents Original Dokumente, → (Roh)daten und → Protokolle (Records), auch → Zertifizierte Kopien oder Abschriften, Microfiches, Fotonegative, Mikrofilme, Magnetische Aufzeichnungen, Röntgenbilder usw.

SPAC Abkürzung für „State Pharmaceutical Administration of China".

Spanien
EU-Mitgliedsstaat, in dem → GLP implementiert ist.
Dem Ministerium für Gesundheit und Consumption,
Directorate General of Pharmacy and Hygiene, untersteht die
Überwachungsbehörde „Agencia Espanola del Medicamento"
(Spanish Agency for Medicinal Products), zuständig für
Arzneimittel.
Zum Ministerium für Landwirtschaft, General Secretariat of
Agriculture and Food, Directorate General of Agriculture, gehört die
Behörde „Entidad Nacional de Acreditacion" (ENAC; National Entity
for Accreditation), die Pflanzenschutzmittel überwacht. Für alle
anderen Produkte ist das Ministerium für Industrie und Energie
zuständig, das bis jetzt noch kein Überwachungsprogramm besitzt.
Zurzeit werden nur Arzneimittel (seit 1995) und
Pflanzenschutzmittel (seit 1998) GLP-mäßig erfasst.
Es existieren keine bilateralen Abkommen.

Spannweite
engl.: → range; Bereich, Extrembereich, Variationsbreite.
Differenz zwischen dem größten und kleinsten Beobachtungswert
einer Stichprobe. Die Spannweite ist das einfachste Streuungsmaß.
Da sie über die Verteilung der mittleren Glieder nichts aussagt, sollte
sie nur bei sehr kleinen Stichproben angegeben werden.

SPC
Abkürzung für → Summary of Product Characteristics; Abkürzung
auch als: → SmPC.
Aber auch Abkürzung für „Statistische Prozesskontrolle"; statistical
process control.

Species
= Art, Spezies (engl.); lat.: species = äußere Erscheinung, Art
Allgemein besondere Art oder Sorte einer Gattung, Tierart oder
Pflanzenart.
Nähere Bezeichnung des biologischen Prüfsystems, z. B. Kaninchen,
Meerschweinchen, Rind usw.

Specimen
= → Probe, → Muster, Exemplar (engl.)

Spezifikation
mlat.: specificatio = Auflistung, Verzeichnis; Einzelaufzählung,
Einzelbezeichnung
1. Eine genaue Festlegung oder eine Reihe von Forderungen
(Größenmerkmale oder Eigenschaften), die von einem Material,
einem Verfahren, einem Produkt mit Hinweis auf die verwendeten
Prüfmethoden zu erfüllen sind.
2. Ein Dokument für gleichbleibende und zweckorientierte Reinheit.
Entsprechend dem Garantieschein gibt sie den Mindestgehalt,
z. B. > 98 % an, bei wenigen begrenzt haltbaren Präparaten als
ca.-Gehalt.

Diese Angaben basieren auf durchschnittlichen Analysewerten verschiedener Produktions-Chargen. Zusätzlich kann eine Spezifikation produktspezifische Daten enthalten.
3. Spezifikationen von Substanzen mit gesetzlichen Festlegungen durch z. B. Pharmakopöen oder die Lebensmittelzusatzstoff-Richtlinie der EC zeigen an, dass die dort genannten Vorschriften eingehalten werden.

Spezifität

engl.: specificity = Eigentümlichkeit, Besonderheit
Fähigkeit einer Methode, den → Analyten von anderen in der Probe vorhandenen Substanzen zu unterscheiden.
Nachweisvermögen des eingesetzten Tests für einen zuvor definierten Parameter.

Sponsor

= Bürge (engl.); lat.: spondere = geloben; Förderer, Geldgeber, → Auftraggeber (einer Prüfung).
[GCP] Eine Person, eine Firma, eine Institution oder eine Organisation, die die Verantwortung für die Initiierung, das Management und/oder die Finanzierung einer → Klinischen Prüfung trägt.

SPQA

Abkürzung für „Swiss Professional Associantion of Quality Assurance". Schweizer GLP-Qualitätssicherungsgesellschaft. Sitz der Geschäftsstelle in Basel.

SQ

Abkürzung für → Specification Qualification.
Qualifizierungmerkmal von Geräten; umfasst die Produktentwicklung.

SQA

Abkürzung für „Society of Quality Assurance". Amerikanische GLP-Qualitätssicherungsgesellschaft mit Geschäftsstelle in Alexandria/ USA.

SSC

Abkürzung für „Study Site Coordinator"; auch → CRC, → CCRC, → SC.

Stabilität

lat.: stabilitas = Feststehen, Standhaftigkeit; engl.: stability = Dauerhaftigkeit.
Steht allgemein für Haltbarkeit, Festigkeit, Beständigkeit, Konstanz.
Auch Nachweis, das Messlösungen bis zum Zeitpunkt der Messung unter den dann vorherrschenden Bedingungen stabil sind.

Standardarbeits-
anweisungen

Abkürzung: SAA; engl.: → Standard Operating Procedures
(→ SOPs).
Dokumentierte → Verfahrensanweisungen über die Durchführung
derjenigen Untersuchungen oder Tätigkeiten, die in der Regel in
→ Prüfplänen oder → Prüfrichtlinien nicht in entsprechender
Ausführlichkeit beschrieben sind. Sie gewährleisten die Qualität und
Integrität (Zuverlässigkeit) der im Laufe einer Prüfung anfallenden
Daten.
Wesentliche Merkmale von SOPs sind die schriftliche Form, die
Datierung und die Genehmigung durch die → Leitung der
Prüfeinrichtung. SOPs sollen in der Regel in der Muttersprache,
z. B. in Deutschland in Deutsch, vorliegen.
Pflicht-SOPs sind die SOPs, die gemäß den 10 Kapiteln der GLP-
Grundsätze gefordert sind.
SOPs sind geistiges Eigentum der Prüfeinrichtung. Sie sind nicht
Bestandteil von Berichten, also keine → Rohdaten.
– Zweck:
SOPs sollen bestimmte, immer wiederkehrende Aktivitäten,
Arbeitsverfahren bzw. Laboruntersuchungen beschreiben, die in den
Prüfplänen nicht näher beschrieben werden müssen. Sie sind
Beschreibungen von standardisierten Arbeitsverfahren, die es
ermöglichen sollen, das jeweils beschriebene Prüfungsverfahren
jederzeit rekonstruieren zu können. SOPs sind *Qualitätswerkzeuge*.
– Formale Anforderungen:
SOPs müssen schriftlich genehmigt, geeignet und verfügbar sein.
SOPs mit Interpretationsmöglichkeiten sind schlechte SOPs.
Nach dem Inhalt kann man unterscheiden:
– beschreibende SOPs,
– Verfahrens-SOPs,
– Methoden-SOPs und
– Geräte-SOPs.
SOPs beschreiben allgemeine (Standard-)Verfahren im Gegensatz zu
den sehr spezifischen
– Methodenbeschreibungen (z. B. Analysemethoden),
– Anweisungen (z. B. Arbeits-, Betriebs-, Labor- und
  Sicherheitsanweisungen) und
– Plänen (z. B. Hygienepläne, Alarmpläne).
Umsetzung der formalen Anforderungen an SOPs und deren
Verwaltung:

- Nummerierung
- Gliederung
- Layout
- Verteiler
- Unterschriften
- Kopierschutz
- Verwaltung
- Erstellung
- Prüfung
- Genehmigung
- Verteilung
- Einführung/Schulung
- Archivierung
- Gültigkeitsdauer
- Nutzung von EDT-Tools
- Änderung (→ Change Control)
- Grundregeln zum Schreiben einer SOP:
- Herausfinden der zu beschreibenden Abläufe
- Gliederung der SOP
- Ausführlichkeit und Länge/Seitenzahl

Standardisierung

engl.: standardization = Normung, Vereinheitlichung.
Alle Maßnahmen (Auswahl der → Versuchstiere, deren Haltung und Betreuung, Beachtung der Tageszeit etc.), die zur Reproduzierbarkeit eines Tierversuchs beitragen.

Standardtierraum

engl.: standard animal room.
Raum definierter Größe (in der Regel ca. 20 qm), auf die Belegungsdichte, Personalbedarf und bestimmte technische Einrichtungen bezogen werden.

Standardverfahren

Ablauf von standardisierten, wiederkehrenden und chargenunabhängigen Tätigkeiten oder Schritten in einem systematischen und geordneten Zusammenhang.

Stand-by

= Hilfe, Beistand, Bereitschaft (engl.)
Gerät wird bei Nichtgebrauch nur teilweise ausgeschaltet.
Deshalb beim Wiedereinschalten keine Anwärmzeit nötig und damit Zeitersparnis.

Stand der Technik

Für die Praxis allgemein gültige Qualitätsanforderungen an eine Sache, die dem aktuellen und anerkannten Stand des Wissens aus Wissenschaft, Technik und Erfahrung entspricht.

Steering Committees Abkürzung: SC; Beratungs-Kommissionen, Studienbegleit-Kommissionen, Koordinations-Kommissionen, Advisory Boards, Peer Review Committees, Saftey Committees Endpoint Validation Committees, Ad-hoc Committees, → Independent Data-Monitoring Committees (→ IDMC).
[GCP] Beratungsgremien, die insbesondere bei multizentrischen und/oder übernationalen Prüfungen zum eindeutigen Nachweis der Wirksamkeit und → Unbedenklichkeit (→ Pivotal Studies) vom Auftraggeber berufen werden.

Stelle dritter Seite engl.: → Third Party
Person oder Stelle, die als unabhängig von jenen involvierten Parteien anerkannt ist, die von der Fragestellung betroffen sind (z. B. beim → Audit).

Stichprobe engl.: random sample
Zufällige oder nach einer anderen Ziehungsvorschrift durchgeführte Entnahme von Einheiten aus einer Grundgesamtheit, an denen die Prüfung vorgenommen wird. Die Anzahl der so durchgeführten Beobachtungen ist der *Stichprobenumfang*.

Stichprobenprüfung Überprüfung eines repräsentativen Anteils von Einheiten aus der betrachteten Grundgesamtheit in Bezug auf die vorgegebenen Prüfmerkmale.
Bei der *Attributprüfung* wird nur unterschieden zwischen zwei gegensätzlichen Ausprägungen des Prüfmerkmals, z. B. gut/schlecht.
Bei der *variablen (messenden) Prüfung* werden aus konkreten Messergebnissen Informationen für die Verbesserung erhalten.
Die wichtigste Stichprobenprüfung ist das *Acceptable Quality Level* (AQL)-Stichprobensystem.

Stratifizierung lat.: geologische (Schichtung)
[GCP] Ein geplanter Einschluss einer vorbestimmten Patientenzahl mit bestimmten Eigenschaften (z. B. Geschlecht, Alter, Rasse, genetische Disposition) in Subgruppen (Strata) einer → Klinischen Prüfung.

Stress-Test engl.: stress = Druck, Anspannung
Untersuchung über Zersetzungsprodukte nach Einwirkung von Säuren, Laugen, Hitze etc. (sog. Stress) für den → Wirkstoff, um die → Spezifität von Gehaltsbestimmungen und Verunreinigungsmethoden zu belegen.

STT Abkürzung für → Short Term Tests.

Studie	engl.: study; Synonym für Versuch, → Prüfung.
Studienhandbuch	für Prüfärzte; Study Reference/Operation Manual. [GCP] Dient dem ordnungsgemäßen Ablauf einer komplizierten/komplexen → Klinischen Prüfung und kann Bestandteil des → Prüfarztordners oder ein separater Ordner sein. Die Inhalte können anlässlich eines Prüfarzttreffens oder während des Prüfarztinitiierungsbesuchs vorgestellt und diskutiert werden. Es kann Informationen zur klinischen Prüfung, → Formblätter zur Ablauforganisation und -dokumentation sowie Tabellen für Klassifikationen und Berechnungen enthalten.
Studieninitiierungsbesuch	[GCP] Treffen zwischen Auftraggeber und → Prüfarzt vor Prüfungsbeginn zur Überprüfung des Studienablaufs sowie der durchzuführenden Dokumentationen, Kommunikations-vereinbarungen und sonstigen Verpflichtungen.
Studienleiter	Investigator Person, die für alle Bereiche der Durchführung einer Studie an einem Studienort verantwortlich ist. Wenn eine Studie von einer Gruppe von Personen an einem Studienort durchgeführt wird, ist der Studienleiter der Leiter dieser Gruppe.
Studientier	Jedes Tier, das an einer klinischen Studien teilnimmt und das entweder das zu untersuchende Produkt oder das Kontrollprodukt erhält.
Study	= → Prüfung (engl.) [GCP] Z. B. Clinical Study.
Study Animal	= Versuchstier (engl.) [GCP] Alle Tiere, die an einer Studie teilnehmen, auch unbehandelte Kontrolltiere.
Study-based	= prüfungsbezogen (engl.) So sind z. B. die Inspektionen der → QA.
Study Director	[GLP] → Clinical Research Coordinator; → Prüfleiter.
Study Documentation	[GCP/CVM] Alle Unterlagen in jeglicher Form (inclusive magnetische und optische Dokumente), beschreibende Methoden und Überprüfungen der Studie. Diese können sein: Protokolle, → Rohdaten, → Reports, → SOPs sowie Dokumente über → Referenzmaterialien und Muster.

Study Completion Date = Freigabedatum vom Bericht (engl.)
Unterschriftsdatum des → Prüfleiters im Bericht.
1. Der → Abschluss einer Prüfung ist der Tag, an dem der Prüfleiter den → Abschlussbericht unterschreibt.
2. [GCP/CVM] Datum, an dem der → Final Study Report von allen Autoren unterschrieben ist.

Study Initation Date = Datum der Prüfplanfreigabe (engl.)
Unterschriftsdatum des Prüfleiters im → Prüfplan.
1. Der → Beginn der Prüfung ist der Tag, an dem der → Prüfleiter den Prüfplan unterschreibt.
2. [GCP/CVM] Datum, an dem das Study protocol vom → Investigator unterschrieben ist.

Study No. = Prüfplan-Nummer (engl.)
Von der → Prüfeinrichtung (z. B. → QA, Regulatory Affairs, → Archiv usw.) chronologisch vergebene interne Nummer, mit der alle Dokumente und Materialien einer speziellen Prüfung zugeordnet werden können.

Study Plan = → Prüfplan (engl.)

Study Plan Amendment = → Prüfplanänderung (engl.)

Study Plan Amendment No. = Nummer der → Prüfplanänderung (engl.)
Die Aufzählung der erstellten Prüfplanänderungen einer Prüfung sollte chronologisch erfolgen, z. B. 01, 02, 03 ...

Study Plan Deviation = → Prüfplanabweichung (engl.)

Study Protocol engl.: trail = Versuch, Prüfung; → Versuchsplan.
[GCP] Beinhaltet die Teilnehmerzahl (Enrolment), Ausschluss- und Änderungskriterien (Inclusion, Exclusion, Post-Inclusion Removal Criteria), die → Randomisierung (Randomisation) und das Studiendesign (Study Design; Controlled oder Blinded).

Study Protocol Amendment [GCP] → Study Plan Amendment.

Study Protocol Deviation [GCP] → Study Plan Deviation.

Study Staff engl.: technican, personnel = (technisches) → Personal, Belegschaft Staff.

Study Supervisor
= das beteiligte Personal (engl.)
Benennt die Personen, die die Prüfung durchführen.

Stückprüfung
Sie erfolgt für jedes Exemplar beim Hersteller in der Endprüfung
nach den jeweiligen Bestimmungen, die für den Bau des Gerätes
maßgebend sind (Prüfung von → Betriebsmitteln).

Stütztechnologie
Produktunabhängige Technologie, die in standardmäßiger Weise
in einem spezifischen Produktionsprozess zur Unterstützung
der Produktbildungstechnologie (Produktbildung, -isolierung,
-modifikation und -reinigung) eingesetzt wird.

Sub-contractor
= Sub-Unternehmer (engl.)
GLP-Prüfeinrichtung, GLP-Prüfstandort oder nicht zertifizierte
Einrichtung, in der Teile einer Prüfung durchgeführt werden.

Subinvestigator
engl.: investigator = Untersucher, engl.: associates, residents,
research fellows.
Person, die vom Versuchsdurchführenden bestimmte Aufgaben in
der → Klinischen Prüfung übertragen bekommen hat.

Subject
= Subjekt, Versuchsperson; auch Untertan, Staatsangehöriger
(engl.)
Versuchsteilnehmer; trial subject, → Healthy Volunteer, → Human
Subject, Prüfungsteilnehmer.
Eine Person, die entweder als Empfänger des Prüfpräparates oder als
Mitglied einer Kontrollgruppe an einer klinischen Prüfung
teilnimmt.

Subject Identification Code
Zuordnungsschema zur Identifizierung der anonymen
Versuchsteilnehmer einer klinischen Prüfung.

Summary of Product Characteristics
Abkürzung: → SPC; → SmPC
Zusammenfassung der Produktmerkmale (Fachinformation); betrifft
das Ansuchen um Produktzulassung in der EU.

Supplier Audit
[GMP] = Lieferanten-Audit (engl.)

Surrogate Marker
engl.: surrogate = Stellvertreter, Ersatz.
Ein Messmerkmal der biologischen Wirksamkeit eines
Arzneimittels, das den so genannten klinischen Endpunkt definiert
(z. B. Tod oder Schmerz).

Suspect Adverse Reaction Report — (15 Tage)-Bericht über unerwünschte Arzneimittelwirkungen. Grundlage für die Einzelfalldokumentation ist der CIOMS-Meldebogen
(Council for International Organization of Medical Sciences).

System — 1. [GCP] Gesamtheit technischer, organisatorischer und anderer Mittel zur selbstständigen Erfüllung eines Aufgabenkomplexes.
2. Mechanismus oder Netzwerk von geregelten, ineinander greifenden Elementen, wie personelle Aktivitäten, → Betriebsmittel und Verfahren, die eine funktionstechnische Einheit bilden. Jedes Element ist durch eine Funktion im System definierbar.
3. Technisches System, das Gerät, Gerätesystem bzw. Anlage, Software, Räumlichkeit umfasst.

Systemeignungstest — Abkürzung: SST; engl.: system suitability test, engl.: suitable = passend, geeignet.
Belegt, ob das Messsystem für die vorgesehene Messung oder Bestimmung unter Einhaltung der definierten → Toleranzen geeignet ist. Mit einem ersten Test wird die Funktionsfähigkeit des Messsystems geprüft, mit wiederholten Tests der aktuelle Zustand im Routinebetrieb kontrolliert (→ Prüfmittelüberwachung).
Der Systemeignungstest kann Teil der Methodenvaldierung sein und wird üblicherweise als → SOP ausgelegt.

System Spezification — → Gerätespezifikation; → Spezifikation

T

Tara

arab.: tarh = Abzug; Abzug für Verpackung
Bezeichnet in der Kaufmannssprache die Verpackung sowie deren
Gewicht; das Gewicht der für den Versand (Handel) benötigten
Verpackung einer Ware.
Bruttogewicht minus Tara = Nettogewicht.

Taraausgleich

Ein durch das Drücken einer Taste von der Waage selbst ermitteltes
Taragewicht (im Gegensatz zur manuellen Tarahandeingabe).

Tarahandeingabe

Ein über die Tastatur manuell eingegebenes Taragewicht.

Target Animal

= Zieltier (engl.)
[GCP] Die Tierspezies, für die das Tierarzneimittel bestimmt ist.

Tarierbereich

Ist subtraktiv, denn der eigentliche Wägebereich verkleinert sich um
die Taralast.

Tarieren

vom arab.-ital.: tarh = Abzug, bzw. → Tara = die Verpackung und
deren Gewicht; eigentlich der Abzug für Verpackung.
Unter Tarieren versteht man die Gewichtsbestimmung eines
Gefäßes oder einer Verpackung bzw. deren Ausgleich beim
Abwiegen. Es erfolgt ein Ausgleichen von Taralasten mit oder ohne
Bestimmung der Taralast.
Bei der Benutzung von Waagen heißt das in der Umgangssprache,
man stellt die Waage vor dem Wiegen auf Null (*Nullpunkteinstellung,*
Gleichgewicht). Früher erfolgte dies z. B. mit Hilfe kleiner
Metallkugeln oder Metallplättchen (*Tarierschrot*).

Teilnahmebestätigung

engl.: participation = Teilnahme, Beteiligung.
Schriftliche Dokumentation (Teilnehmerliste; participant list) des
Besuches, der Anwesenheit, z. B. von Informationsveranstaltungen,
Seminaren, Meetings usw.

Teilung	→ Ziffernschritt
Test	altfranz.: test = Topf (für alchimistische Versuche); lat.: testum = irdenes Gefäß. Versuch → Prüfung, Probe, Feststellung, Untersuchung, Experiment, bei denen festgestellt wird, ob bestimmte Kriterien erfüllt sind. Die Testauswertung ist weitgehend mathematisiert.
Test Facility Management	= → Leitung der Prüfeinrichtung (engl.)
Testfolge	engl.: sequence of tests Zeitlich aufeinander folgende Untersuchungen gleicher Art, aber auch eine Folge verschiedener Tests mit den gleichen oder anderen Tieren (Testhierarchie).
Testgröße	→ Prüfgröße
Test item	= → Prüfgegenstand (engl.)
testnaiv	engl.: test-naive Tiere, die noch nicht in Versuchen standen und somit keine Erfahrung mit Testsituationen haben. Die Ergebnisse können sich unterscheiden zwischen testnaiven und nicht testnaiven Tieren. Dieses Faktum ist daher bei der → Versuchsplanung (→ Testfolge) zu berücksichtigen.
Testphase	= überprüfte → Phase (engl.) Durch die → QA überprüfter Teil einer Prüfung.
Testsystem	= → Prüfsystem (engl.)
Thermopapier	Spezialpapier, das aus Papier, einer Farbschicht und einer hauchdünnen Wachsschicht besteht. Eingesetzt wird es u. a. bei Faxgeräten und Thermodruckern (Rollenform). Es ist sehr lichtempfindlich (vergilbt schnell) und muss daher vor Lichteinstrahlung geschützt werden, ist relativ teuer und nur bedingt mit Kugel- oder Filzschreiber beschreibbar. Das das Papier sich infolge von Umwelteinflüssen nachträglich schwärzt, sollten solche Ausdrucke prinzipiell nicht mehr als → Rohdaten verwendet werden (Umrüstung der entsprechenden Drucker). Es sollte immer eine beglaubigte (zertifizierte) Kopie angefertigt und archiviert werden.
Third Party	→ Stelle dritter Seite (engl.)

Third Party Audit   Von einem unparteiischen Dritten durchgeführtes → Audit.

Tierhaltungsanlage   Gebäude oder räumlich abgetrennter Bereich innerhalb eines Gebäudes, bestehend aus → Tierhaltungsräumen sowie Räumen und Einrichtungen, die zur ordnungsgemäßen Durchführung, Vor- und Nachbereitung von Tierversuchen erforderlich sind (z. B. Lagerräume).

Tierhaltungsräume   engl.: → Animal Facility
Räume oder Einrichtungen, in denen → Versuchstiere gezüchtet, zur Quarantäne, Adaption (Eingewöhnung), zur Durchführung von Versuchen gehalten (untergebracht) oder kleinere operative Eingriffe vorgenommen werden.

Tierlaboratorium   engl.: → Animal Facility
(Zentrale) Einrichtung an größeren Forschungszentren für experimentelle Biologie und Medizin der öffentlichen Hand und der Industrie für die wissenschaftlich optimale Haltung und Zucht von → Versuchstieren sowie die Durchführung von Tierversuchen unter Berücksichtigung aller tierschutzrelevanten Forderungen.

Tiermaterial   Besteht aus Körperteilen, Körpergewebe, Blut, Haaren, Stoffwechselprodukten und Ausscheidungen von → Versuchstieren sowie von diesen kontaminierte → Einstreu, auch Käfige usw.

Tiermodell   engl.: animal model
Im Hinblick auf das Tierexperiment wird dann von einem Tiermodell oder Modellversuch gesprochen, wenn die Ergebnisse auf eine andere Art (Mensch oder Tier) übertragen werden. Das Versuchstier übt in diesen Fällen eine Stellvertreterfunktion aus.

Tierpfleger   engl.: animal caretaker, animal technician; Versuchstierpfleger
In der BRD handwerklicher Lehrberuf mit einer Ausbildungszeit von 2,5-3 Jahren in durch die regionalen Industrie- und Handelskammern (IHK) zugelassenen Lehrbetrieben unter der Anleitung von Lehrbetrieben sowie begleitender Berufsschulausbildung (eintägig pro Woche). Qualifikation nach praktischer, mündlicher und schriftlicher Prüfung vor Prüfungsausschüssen der IHK. Die Meisterqualifikation ist seit 1991 möglich.

Tierraum   engl.: animal room
Der Raum, in dem Tiere gehalten oder gezüchtet werden.
Auf Grund des heute hohen Stands der Technik trifft der Begriff → Tierlabor eher zu.

TierSchB

Abkürzung für → Tierschutzbeauftragter.

Tierschutzbeauftragter,

Abkürzung: → TierSchB; engl.: animal welfare officer
1. Im deutschen Tierschutzgesetz (18.08.1986) § 8b geforderter
spezialisierter wissenschaftlicher Sachverständiger, über den
Einrichtungen verfügen müssen, in denen Tierversuche
durchgeführt werden (Tierarzt, Biologe der Fachrichtung „Zoologie",
Arzt).
Er ist in der Verfolgung seiner Aufgaben unabhängig und hat Sorge
zu tragen, dass Tierversuche und die → Versuchstierhaltung
tierschutzrelevant betrieben werden, insbesondere hat er auf die
Einhaltung der Auflagen des Tierschutzgesetzes zu achten.
Versuchsvorhaben im Sinne des Gesetzes aus seinem Betrieb hat er
bei Antragstellung durch ein persönliches Gutachten zu ergänzen.
2. Neben diesem gesetzlich definierten Begriff gibt es seit 1975 diese
Bezeichnung in Betrieben und vereinzelt bei Behörden auch für
Personen mit unterschiedlicher, meist beratender Aufgabenstellung.

Tierstall

engl.: animal house
Im deutschen Sprachgebrauch üblicher Begriff für
landwirtschaftliche Tierhaltung; trifft jedoch für eine moderne
Tierhaltung nicht zu: besser → Tierraum, → Tierlabor.

Tiertransport

Viehtransport
Befördern von Tieren in einem Transportmittel einschließlich des
Verladens. Es gilt der Grundsatz, dass Tiere nur befördert werden
dürfen, sofern ihr körperlicher Zustand den geplanten Transport
erlaubt und für den Transport sowie die Übernahme des Tieres am
Bestimmungsort die erforderlichen Vorkehrungen getroffen sind. In
Deutschland werden die Anforderungen an den Tiertransport durch
die Tierschutztransportverordnung (TierSchTrV) von 1997 festgelegt.

Tierumsetzung

Innerbetriebliche Umsetzung von Tieren, z. B. bei Wurfausgleich
von Ferkeln durch Umsetzung von einer Abferkelbucht in eine
andere.

Tierumstellung

Ortswechsel von Tieren mit oder ohne Besitzerwechsel durch
→ Tierumsetzung oder → Tiertransport.

Tierversuch

engl.: animal experiment
1. Es gibt eine Vielzahl z. T. sehr umfangreicher Definitionen des Tierversuchs; nach dem Tierschutzgesetz der BRD vom 12.08.1986 beschränkt sich der Begriff auf „Eingriffe und Behandlungen an Tieren zu Versuchszwecken, die mit Schmerzen, Leiden oder Schäden verbunden sein können".
2. Im allgemeinen wissenschaftlichen Sprachgebrauch umfasst der Begriff jeden experimentellen Ansatz zur Gewinnung von Erkenntnissen am lebenden Tier.

Tierversuch, Standardisierung

Haltung von → Versuchstieren und Durchführung von Versuchen unter bestimmten, genau definierten Bedingungen, → Normen und → Richtwerten, z. B. bei konstanten physikalischen Umweltbedingungen (Temperatur, Luftfeuchte, Beleuchtung, Luftwechsel usw.), für genetisch definierte Arten und Rassen von Versuchstieren bestimmten Geschlechts und Alters mit bekannter Keimflora.

Tierversuchsanlage

engl.: → Animal Facility; → Tierlaboratorium.

Tierversuchskunde

engl.: science on animal experiments.
Befasst sich im Gegensatz zur → Versuchstierkunde ausschließlich mit den tierexperimentellen Belangen.

TIND

Abkürzung für „Treatment → IND".

Tischvorlage

Informationsmappe der → Prüfeinrichtung für die behördliche Inspektion.
Inhalt:
– Management und QSE-Struktur der Prüfeinrichtung (→ Organigramm),
– Räumliche Unterbringung, (Auflistung der Räume und deren Verwendung + Gebäudepläne),
– Zusammenstellung aller gültigen → SOPs,
– Master Schedule Sheet und
– Teilnehmerliste.

Titel

engl.: title = Überschrift

Title of the Study

= Titel der Prüfung (engl.)
Ein beschreibender (deskriptiver) → Titel von → Prüfplan und Bericht ist zwingend vorgeschrieben und muss identisch sein.

TMO

Abkürzung für „Trial Management Organization".

Toleranz

lat.: toleare = erdulden (Duldsamkeit).
[Messtechnik] Differenz zwischen dem größten und kleinsten zulässigen Wert einer messbaren Größe bei einem vorgegebenen Sachverhalt.
Man unterscheidet *Maßtoleranz* und *Formtoleranz*.
Toleranzen (Tol.) werden gemäß → Fehlergrenzenklassen eingeteilt in: I, II und III (in absteigender → Genauigkeit).

TOP

Abkürzung für Tagesordnungspunkt, z. B. einer → Agenda; (TOP 1, TOP 2 usw.)

TQM

Abkürzung für „Total Quality Management".
Spiegelt die Bestrebungen wider, in allen Managementbereichen und -ebenen eines Betriebes den höchstmöglichen Qualitätsstandard zu gewährleisten und dadurch zur Vertrauensbildung beim Auftraggeber und zu einem langfristigen Geschäftserfolg beizutragen. Die Ziele eines solchen Systemmanagements sind: absolute Qualität (Null-Fehler-Ansatz) und strikte Kundenorientierung. Die drei Bestandteile von TQM haben gleichwertige Inhalte. Dieser umfasst den umfassenden Charakter (Total), die Aspekte Qualität sowie Management im Sinne von Führung (Leadership).

TR

Abkürzung für → Technische Regel.

Beispiele:
1. „Technische Regel – Archivierung und Aufbewahrung von Aufzeichnungen und Materialien" (Entwurf Juni 1992).
Da die GLP-Grundsätze keine weiteren Hinweise zur → Archivierung geben, hat in den Jahren 1990/1992 eine deutsche Arbeitsgruppe aus Vertretern des Bundes, der Länder sowie der betroffenen Industrie ein entsprechendes Regelwerk ausgearbeitet.
2. „Technische Regel für Biologische Arbeitsstoffe/TRBA 120 – Versuchstierhaltung".
Gilt für Tierhaltungsräume, in denen beabsichtigt wird, mit biologischen Arbeitsstoffen oder mit → Versuchstieren umzugehen, die mit biologischen Arbeitsstoffen infiziert wurden oder bekanntermaßen Träger humanpathogener biologischer Arbeitsstoffe sind.

Trägerstoff

engl.: → Vehicle, carrier
Ein Stoff, mit dem der Prüf- oder → Referenzgegenstand gemischt, dispergiert oder aufgelöst wird, um die Anwendung am Prüfsystem zu erleichtern.

Tränke
engl.: watering place
Wasserstelle, Tränkeinrichtung (water supply equipment):
Wassernapf, Wasser- oder Tränkeflasche (water bottle), automatische
Tränke (automatic watering system). Die Anordnung der
Tränkeinrichtungen muss den biologischen Gegegebenheiten der
jeweiligen Tierart entsprechen.

Tragfähigkeit
Das maximale Gewicht, mit dem die Wägebrücke belastet werden
kann, ohne dass diese mechanisch beschädigt wird. Sie kann höher
sein als die → Höchstlast.

Trial Coordinator
→ Clinical Research Coordinator

Trial Site
= Versuchsort (engl.)
Ort, wo die prüfungsbezogenen Aktivitäten wirklich stattfinden.

Trinkwasseruntersuchung
Trinkwasser ist für den menschlichen (und tierischen) Genuss und
Gebrauch geeignetes Wasser. Gemäß Verordnung über Trinkwasser
und über Wasser für Lebensmittelbetriebe (Trinkwasser-VO) muss in
der BRD Trinkwasser frei von Krankheitserregern sein.
Ausserdem sind → Grenzwerte für verschiedene Parameter einzuhalten.
Als Vergleichsmaßstab dienen EG- oder WHO-Richtwerte.
Zur Überprüfung der → Unbedenklichkeit sollte das zur
Tränkung der → Versuchstiere eingesetzte Trinkwasser gemäß
Trinkwasserverordnung mindestens einmal jährlich auf folgende
Parameter untersucht werden:
– Sensorische Kenngrößen (Färbung, Trübung, Geruch),
– physikalisch-chemische Kenngrößen (z. B. Temperatur, pH-Wert,
  elektrische Leitfähigkeit, Oxidierbarkeit, Härtebereich,
  Sauerstoffgehalt usw.),
– chemische Stoffe und
– mikrobiologische Untersuchung (E. coli und coliforme Keime).
Die Entnahmestellen sind zu definieren und beizubehalten. Die
Probenentnahme sollte möglichst unter sterilen Umständen und
ohne andere Kontaminationen erfolgen.

Triple-blind Study
= Dreifach-Blindversuch (engl.)
→ Klinische Prüfung, bei der sowohl die Versuchsteilnehmer und
der Durchführende sowie die Personen, die die Daten auswerten,
keine Informationen über die Behandlung erhalten.

True Copy
= wahre Kopie (engl.); → Zertifizierte Kopien, → Rohdaten.

Type of Investigation
= Art der Prüfung (engl.); z. B. Überprüfung der Zieltiersicherheit.

U

UAW

Abkürzung für „unerwünschte Arzneimittelwirkungen".

UE

[GCP] Abkürzung für → Unerwünschtes Ereignis; → Nebenwirkung.

Überlebens-wahrscheinlichkeit

[Technik] Die Wahrscheinlichkeit für ein Element, aus einem (Anfangs)Bestand von gleichartigen, zu Beginn des Beanspruchungszeitraums funktionstüchtigen Elementen, erst nach einem bestimmten Zeitpunkt auszufallen, d. h., das betrachtete Zeitintervall zu „überleben". Die Überlebenswahrscheinlichkeit $R_{(t)}$ ist die komplementäre Größe zur Ausfallwahrscheinlichkeit $F_{(t)}$.

Überprüfung

engl.: auditing; → Audit
Vorgang der Überprüfung, dass vorgeschriebene Prozeduren und Protokolle angewendet bzw. durchgeführt worden sind, bzw. eine im Verlauf oder am Ende eines Vorgangs zur Bewertung der Abnahmefähigkeit eines Produktes angewandte Technik.

Überwachung

Regelmäßige Prüfung auf Einhaltung der festgelegten Bedingungen, z. B. der Umgebungsbedingungen (→ Environmental Monitoring).

Überwachung der Einhaltung der GLP-Grundsätze

Überprüfung von Prüfungen; engl.: study audit.
Ein Vergleich der → Rohdaten und der dazu gehörenden Aufzeichnungen mit dem Zwischenbericht oder dem → Abschlussbericht, um festzustellen, ob die Rohdaten exakt wiedergegeben sind, ob die Prüfungen in Übereinstimmung mit dem → Prüfplan und den Standardarbeitsanweisungen durchgeführt wurden, um zusätzliche, nicht in dem Bericht enthaltene Informationen zu gewinnen und festzustellen, ob bei der Gewinnung der Daten Praktiken angewandt wurden, die ihre Qualität und → Richtigkeit beeinträchtigen.

Überwachungs-Audit

Meist jährlich stattfindendes System-Audit vor Ort über ausgewählte QM-Elemente mit abschließenden → Audit-Bericht.

Umarbeitung Die erneute Bearbeitung einer ganzen oder von Teilen einer Charge ungenügender Qualität, von einer bestimmten Produktionsstufe ausgehend, mit dem Ziel, in einem oder mehreren zusätzlichen Arbeitsgängen eine Qualität zu erreichen, die den → Anforderungen genügt.

Unbedenklichkeit Bedeutet, dass bei bestimmungsgemäßem Gebrauch das vorhersehbare Risiko unerwünschter Wirkungen in Abwägung mit der Wirksamkeit oder Zweckbestimmung nach den Erkenntnissen der (medizinischen) Wissenschaft vertretbar ist.

Unequal Randomization „Unübliche" → Randomisierung, bei der Versuchsteilnehmer in Gruppen mit verschiedenen Dosierungen eingeteilt werden (z. B. drei Probanden gehören gleichzeitig einer Behandlungs- und Kontrollgruppe an).

Unerwartetes Ereignis Abkürzung: → UE
Jede Beobachtung, die ungünstig und unbeabsichtigt ist und die nach der Anwendung eines Produkts oder eines zu untersuchenden Produkts auftritt, unabhängig davon, ob ein Zusammenhang mit diesem vermutet wird oder nicht.

Unerwünschtes Ereignis Abkürzung: → UE; engl.: → Adverse Event (AE);
→ Nebenwirkungen.
[GCP] Jedes unerwünschte medizinische Ereignis, das bei einem Patienten oder bei einem Teilnehmer an einer → Klinischen Prüfung nach Verabreichung eines Arzneimittels auftritt und das nicht unbedingt in ursächlichem Zusammenhang mit dieser Behandlung steht. Ein unerwünschtes Ereignis (UE) kann daher jede ungünstige und unbeabsichtigte Reaktion (einschließlich eines anormalen Laborbefundes), jedes Symptom oder jede vorübergehend mit der Verabreichung eines Arzneimittels (hier: Prüfpräparat) einhergehende Erkrankung sein, ob diese nun mit dem Prüfpräparat in Zusammenhang stehen oder nicht (ICH Guideline for Clinical Safety Data Management: Definitions and Standards for Expedited Reporting).

Unexpected Adverse Drug Reaction = nicht erwartete → Nebenwirkung (engl.)
Betrifft die Nebenwirkung, die nicht in der Produktbeschreibung enthalten ist (investigators brochure for an unapproved investigational product or package insert/summary of product characteristics for an approved product).

Ungenauigkeit
engl.: imprecision
Standardabweichung in Prozentangabe vom Ist-Wert.
Auch relative Standardabweichung (RSD) oder Variationskoeffizient genannt.

Unrichtigkeit
Abkürzung: U; engl.: inaccuracy; → Richtigkeit.
Quantitative → Abweichung zwischen dem (arithmetischen) Mittel der Ist-Wert(e) und dem Soll-Wert. Liegt eine zu hohe Unrichtigkeit vor und kann eine Fehlbedienung und ein Geräteschaden ausgeschlossen werden, ist eine → Justierung angezeigt. Hingegen kann eine zu hohe *Unpräzision* nicht durch eine Justierung, sondern nur durch Wartung oder Reparatur behoben werden.

Unterhaltungs-qualifizierung
→ Maintenance Qualification (→ MQ)

Unterschrift
engl. signature = Namenszug, Schriftzug, Paraphe.
Der zum Zeichen des Einverständnisses mit dem Inhalt unter ein Dokument gesetzte eigenhändig geschriebene Name einer Person. Sie muss nicht lesbar sein, aber individuelle Züge enthalten.
Nicht als Unterschrift rechtskräftig sind:
– Abkürzungen (Paraphen), Namenskürzel (NK)
– Stempel-Unterschrift,
– Faksimile-Unterschrift,
– Blanko-Unterschrift,
– Oberschrift (z. B. bei Überweisungsformularen von Banken) und
– keine Unterschrift.

Unterschriftenliste
engl.: signature list; Visalisten, Initial-Listen; Sammlung von relevanten Unterschriften

Unterweisung
engl.: instruction
Der Unternehmer hat die Mitarbeiter (in den Laboratorien) mit dem Inhalt der geltenden Richtlinien und → Betriebsanweisungen vertraut zu machen. Diese müssen ausgelegt oder dem Arbeitnehmer ausgehändigt werden. Er hat sie bei der Arbeit zu beachten. Die Unterweisung ist zu dokumentieren und mindestens einmal jährlich durchzuführen.

USP
Abkürzung für „United States Pharmacopoeia"; → Pharmacopoeia; → Arzneibuch.

UVV
Abkürzung für „Unfallverhütungsvorschriften". Werden von den einzelnen Berufsgenossenschaften beschlossen.

V

VA Abkürzung für → Verfahrensanweisungen; → Procedures.

VAI Abkürzung für „Voluntary Action Indicated".
Geringfügige → Abweichungen von den Regularien; eine der drei
Empfehlungen (→ Recommendation) des FDA-Inspektors.

Validation → Validierung

Validation Master Plan Übergeordneter Projektplan zur Organisation und Planung der
Durchführung einer → Validierung eines bestimmten Verfahrens,
eines Produkts oder eines Systems. Der Plan beschreibt die Aufbau-
und Ablauforganisation zum Arbeitsprogramm eines bestimmten
Validierungsprojektes, legt die Einzelprojekte fest und definiert die
zur Abweichung und Steuerung notwendigen Zuständigkeiten und
Terminpläne.

Validation of Data Prozedur, die sicher stellt, dass die Daten des → Abschlussberichtes
(einer → Klinischen Prüfung), Final Clinical Trial Report, mit den
beobachteten Werten übereinstimmen.

Validation Protocol = → Validierungsvorschrift (engl.)

Validation Report = → Validierungsbericht (engl.)

Validation Review Committee = Steuerungsausschuss zur Validierung (engl.); Abkürzung: → VRC.

Validator Ergebnisbestätigung durch eine zweite Person, den Validator.

Validierung	1. Systematisch geplantes, festgelegtes, durchgeführtes und belegtes Prüfverfahren zur Bestimmung, ob eine Methode (Verfahren), das verwendete Instrumentarium, die Materialien und das Umfeld geeignet sind, um die im Voraus festgelegten Anforderungen für einen spezifischen Gebrauch stetig und reproduzierbar zu erfüllen.

Validierung

1. Systematisch geplantes, festgelegtes, durchgeführtes und belegtes Prüfverfahren zur Bestimmung, ob eine Methode (Verfahren), das verwendete Instrumentarium, die Materialien und das Umfeld geeignet sind, um die im Voraus festgelegten Anforderungen für einen spezifischen Gebrauch stetig und reproduzierbar zu erfüllen.
2. Validierung = (DQ + IQ + OQ + PQ + MQ) + Verfahrensvalidierung
3. Die → Prospektive Validierung umfasst „Qualification and Process Validation".
4. [Medizin] Plausibilitätsprüfung eines Diagnosebefunds durch den verantwortlichen Arzt.

Validierungsbericht

engl.: → Validation Report
1. Schriftliches Protokoll, in dem das Ergebnis der → Validierung hinsichtlich der vorgegebenen Anforderungen (→ Akzeptanz-kriterium) und des beabsichtigten Zwecks der Validierung übersichtlich dargestellt ist.
2. Dokument, mit dem das Ergebnis der Validierung beschrieben wird und das die Grundlage für die Freigabe des validierten Systems ist.
Fälschlich auch als Validierungsprotokoll bezeichnet!

Validierungshandbuch

Herstellerdokumentation eines Validierungsprojekts, bestehend aus:
→ Validierungsplan,
→ Designqualifizierung (DQ),
→ Installationsqualifizierung (IQ),
→ Funktionsqualifizierung (OQ),
→ Leistungsqualifizierung (PQ) und
→ Unterhaltungsqualifizierung (MQ).

Validierungsplan

engl. →Validation Protocol; → SOP; Einzelvalidierungsplan
1. Umfasst die Gesamtheit aller planmäßigen Beschreibungen, Versuche, Überprüfungen und Genehmigungen zur Planung, Organisation und Koordinierung eines Validierungsobjektes. Einzelvalidierungspläne werden ausgehend vom „master validation plan" zu einzelnen Validierungsprojekten erstellt.
2. Dokument, welches die vereinbarten Maßnahmen und Verantwortlichkeiten beschreibt, die Voraussetzungen für die → Validierung und die Grenzen ihres Umfangs sowie die Begründung irgendwelcher Ausnahmen.
3. Plan oder Protokoll in dokumentierter Form zur Einbringung eines schriftlichen Beweises dafür, dass das System validiert worden ist.

Dabei sollten folgende 10 Standardpunkte beachtet werden:
- Zweck
- Testumfang
- Voraussetzungen, Annahmen, Randbedingungen
- Verantwortlichkeiten, Befugnisse
- Testdaten
- Teststrategie
- Erwartete Ergebnisse
- Akzeptanzkriterien
- Fehlerbehandlung, Dokumentation und Anhänge
- Archivierung der Validierungsunterlagen

Validierungsrichtlinie

Verhindert, dass in der → Prüfeinrichtung verschiedene Validierungsstandards existieren. Sie sollte folgende Punkte umfassen:
- Zielsetzung
- Geltungsbereich
- Validierungsorganisation
- Erfassung der validierungspflichtigen Systeme
- Anlass der Validierung
- Retrospektive Validierung und Freigabe

Validierungsstruktur

Struktureller Ablauf, nach dem bei der → Validierung vorgegangen wird.
Folgende Struktur hat sich weitgehend etabliert:
→ DQ, → IQ, → OQ, → PQ + MQ, → Process Validation und Method Qualification.
Hinzu kommen etablierte organisatorische und dokumentations-technische Instrumente (z. B. Risk Analysis, → Validation Review Committee, Genehmigungsverfahren, → Validation Master Plan usw.)

Validierungsvorschrift

engl.: → Validation Protocol; Validierungs-SOP.
Schriftliche und detaillierte → Arbeitsanweisung zur Durchführung der geplanten Prüfung im Rahmen einer → Validierung. Sie enthält die Prüflogik, die Prüfparameter, die → Spezifikationen und Akzeptanzkriterien sowie die zu erfassenden Daten und Wiederholungen, relevante Gerätschaften der Herstellung und/oder der Kontrolle (Prüfung) zusätzlich zu den für die Prüfung unmittelbar notwendigen Angaben.

Validität

Genauigkeitserklärung; splat.: validitas = Stärke; engl.: → Validation
Die *Gültigkeit* eines Messverfahrens bzw. der Grad der
→ Genauigkeit.
Die Feststellung (Bestätigung) der Validität ist die → Validierung.
Sie steht für Qualitätssicherung.
Validierung bezeichnet die *Bestätigung* der Erfüllung einer
definierten Menge an definierten Eigenschaften durch eine dafür
autorisierte Person. Validierung ist der dokumentierte Nachweis
(Gültigkeitserklärung) dafür, dass ein System das tut, was es tun soll
(z. B. Zuverlässigkeit eines Versuches).
Zweck der Validierung ist das *Eigeninteresse* (Sicherstellung von
definierter Qualität auf hohem Niveau) und die *Beweissicherung*
(reproduzierbare und rekonstruierbare Ergebnisse durch
dokumentierten Nachweis).
Validiert werden Prozesse und Verfahren!
Validierungsparameter (Kenngrößen zur Zuverlässigkeit):
– Präzison
– Richtigkeit
– Spezifität
– Nachweisgrenze
– Bestimmungsgrenze
– Linearität
– Bereich
Die Validierung von Anlagen, Ausrüstungen und Betriebsräumen ist
die *Qualifizierung*!
Der Umfang der Validierung wird vor Beginn auf der Grundlage der
gültigen Rechtsvorschriften in einem *Validierungs-Design* (Analytical
Validation Design, AVD) festgelegt. Im Anschluss an die Validierung
wird ein *Validierungsreport* (Analytical Validation Report, AVR)
erstellt.

VBG

Abkürzung für „Vorschriftenwerk der Berufsgenossenschaften".

VDE

Abkürzung für den „Verband deutscher Elektrotechnik e. V.", heute
„Verband der Elektrotechnik Elektronik Informationstechnik e. V.",
mit Sitz in Frankfurt/Main. Ein 1893 gegründeter gemeinnütziger
technisch-wissenschaftlicher Verein, der u. a. Normen und
Sicherheitsbestimmungen auf dem Gebiet der Elektrotechnik
erarbeitet.
Seit 1920 gibt es die *VDE-Prüfstelle*, ein Prüf- und Zertifizierungs-
institut, das elektrotechnische Erzeugnisse nach den vom
Gesetzgeber anerkannten und international vereinbarten *VDE-
Bestimmungen* prüft und mit dem *VDE-Prüfzeichen* zertifiziert.

Vendor-Software   Bezeichnet kommerziell erhältliche Software (z. B. SAS, Oracle, Microsoft Office-Paket).

Verarbeitungsanweisung   Vorschrift, die alle eingesetzten Ausgangsmaterialien bestimmt und alle Verarbeitungsvorgänge festlegt (→ Herstellvorschrift).

Verblindung   Ein Verfahren, um eine mögliche Beeinflussung von Daten zu reduzieren. Hierbei wird das eingeteilte Studienpersonal nicht über die Zuteilung zu Behandlungsgruppen informiert.
[GCP] *Einfach-Blindstudie*: Nur dem Patienten ist die Art des Prüfproduktes/der Studienmedikation unbekannt. *Doppel-Blindstudie*: Art der Studienmedikation oder des Prüfproduktes ist nur demjenigen bekannt, der die Randomisierungsliste und Dekodierung erstellt hat.

Verbote in der Rohdatenführung   Schließt → Rohdaten aus; als tabu gelten:
– die Benutzung von Bleistift und Radiergummi,
– die Verwendung von Korrektur-Flüssigkeiten oder -bändern und
– das Überkleben von Daten.
Schwarze Filzstifte sollten nicht verwendet werden, da Original und Kopie schlecht voneinander unterschieden werden können.

Verfahren   → Standardverfahren
Ablauf von Tätigkeiten oder Schritten in einem systematischen und geordneten Zusammenhang.

Verfahrensanweisungen   Abkürzung: → VA; engl.: → Procedures.
Sie beschreiben abteilungsübergreifende Maßnahmen/Abläufe, die das Funktionieren und die Wirksamkeit des → Qualitäts-managements sicherstellen sollen (Schnittstellenbeschreibung). Grobe Darstellung, wie etwas durchgeführt wird (DIN ISO 9000 ff.). Detaillierter erfolgt die Beschreibung in den → Arbeitsanweisungen (AA).
Verfahrensanweisungen sind verbindliche Richtlinien mit der Zielsetzung, die allgemeinen Festlegungen im → QM-Handbuch im Detail darzulegen und zu ergänzen. Sie haben häufig den Charakter von Durchführungsbestimmungen für die im QM-Handbuch gemachten Festlegungen und gehören zu den drei Dokumenta-tionsebenen eines QS-Systems.
Verfahrensanweisungen haben internen Charakter und werden in der Regel nicht an Außenstehende ausgehändigt. Sie müssen jedoch der Akkreditierungsstelle auf Wunsch zur Einsicht und Beurteilung vorgelegt werden.

Verfahrensbeschreibung

[SOP] Eine schriftliche und genehmigte Vorschrift, welche den Aufbau und Ablauf von standardisierten, wiederkehrenden und chargenunabhängigen Tätigkeiten in einem systematischen Zusammenhang zu dessen Durchführung beschreibt.

Verfall(s)datum

engl.: expiry date
Zeitpunkt, ab dem ein Mittel die Mindesthaltbarkeit überschritten hat.
Es kann auf der Basis einer dokumentierten Bewertung oder Analyse verlängert werden.

Vergleichsprüfungen durch Prüflaboratorien

Organisation, Durchführung und Auswertung von Prüfungen gleicher oder gleichartiger Gegenstände oder Stoffe durch zwei oder mehrere Prüflaboratorien unter vorgegebenen Bedingungen.

Verifikation

Verifizierung, verifizieren; mlat.: verificae, zu lat.: verus = wahr, lat.: facere [in Zusammensetzung -ficere] = machen.
Bildungssprachlich versteht man unter Verifikation die Darlegung bzw. *Bestätigung* der → Richtigkeit durch (Nach-)Überprüfen.
Eine Tätigkeit, um nachzuweisen, dass die → Abweichungen zwischen den von einem Instrument angezeigten Werten und den bekannten entsprechenden Werten einer gemessenen Konstante stets niedriger sind als die festgelegte maximale Abweichung.
Der Zweck der Verifikation ist der Nachweis, dass die vorgegebenen Anforderungen erfüllt sind.
Bei der Führung eines Inventars von Messinstrumenten gewährleistet sie, dass die Abweichung zwischen den von einem Instrument angezeigten Werten und den bekannten Werten einer gemessenen Konstante in allen Fällen niedriger ist als die festgelegte maximale Abweichung.
Verifiziert wird durch ein Analyseverfahren, eine → Spezifikation oder eine bestimmte Vorgabe der für die Führung dieses Inventars verantwortlichen Person.
Im Ergebnis der Verifikation reift die Entscheidung darüber, ob ein Messinstrument in Betrieb zu nehmen, nach der Reparatur erneut in Betrieb zu nehmen, zu justieren, zu reparieren, außer Dienst zu stellen oder zu verschrotten ist. In jedem Fall ist eine Dokumentation anzulegen und aufzubewahren.
Die → Kalibrierung dient der Messung der Abweichungen zwischen dem Instrument und der → Norm, während durch die Verifikation gewährleistet wird, dass diese Abweichungen eine festgelegte Höchstgrenze nicht überschreiten.

Beispiel: Datenverarbeitung

Verifikation ist der formale Nachweis der Korrektheit von Rechen- oder Datenverarbeitungssystemen durch Überprüfung von Ist-Eigenschaften mit den durch die → Spezifikation formal beschriebenen Soll-Eigenschaften.

Verpackungsanweisung

Vorschriften, die alle zur Verpackung eingesetzten Ausgangsmaterialien bestimmen und alle Verpackungsvorgänge festlegen (→ Herstellvorschrift).

Verpackungsmaterial

Jedes für die Verpackung eines Produkts verwendete Material, ausgenommen die für Transport oder Versand verwendete äußere Umhüllung. Man unterscheidet je nach dem direkten Kontakt mit dem Produkt → Primäre und → Sekundäre Verpackungsmaterialien.

Verschleppung

engl.: carry-over
Bezeichnet z. B. die Verschleppung von Probenmaterial durch Anhaften an der Pipettenspitze oder durch Kontamination der Pipette (z. B. durch Aerosole).

Versorgungsgüter

Verbrauchsmaterialien, z. B. Chemikalien, Reagenzien, Lösungen, Futter- und Einstreumittel usw.
[GLP] Es ist vor allem die richtige Lagerung (engl.: storage), Beschriftung und Entsorgung zu beachten.

Versuch

1. [Naturwissenschaften] andere Bezeichnung für wissenschaftliches → Experiment.
2. [GLP] Synonym für → Prüfung. Alte Übersetzung der englischen Bezeichnung „study" in FDA-Verordnungen, als noch keine amtlichen deutschsprachigen Unterlagen zu → GLP vorlagen. Dieser Begriff fand auch Eingang in mehrere zusammengesetzte Begriffe wie → Versuchsplan und Versuchsleiter.
3. Als Versuch bezeichnet man die praktische Verwirklichung einer experimentellen Forschungsmethode, d. h. einer theoretisch begründeten Art und Weise des Herangehens an das Untersuchungsobjekt zum Zweck des Erkenntnisgewinns hinsichtlich einer praktischen oder theoretischen Fragestellung. Dabei wird eine Versuchsvorschrift realisiert, die außer Angaben über die Versuchsbedingungen mindestens Angaben über die Eigenschaften einer → Versuchseinheit (quantitative Merkmale mit 2 oder mehr Ausprägungen) oder über die zu registrierenden Merkmalswerte (quantitative Merkmale) enthält. Andererseits muss die Versuchsvorschrift so umfassend sein, dass es wenigstens theoretisch möglich ist, sie beliebig oft zu realisieren (→ Wiederholbarkeit). Gleichartige Versuche in Raum und Zeit

werden als Versuchsserien zusammengefasst. Der geplanten
Einwirkung des Untersuchers auf die → Versuchsobjekte kann
die *Erhebung*, eine rein statistische Erfassung eines vorhandenen
Zustandes oder Vorgangs an einer endlichen Gesamtheit von
Objekten oder Individuen, gegenübergestellt werden. Versuch und
Erhebung können nur bestimmte Zusammenhänge in einem
System genauer erfassen, da einige einwirkende Faktoren konstant
gehalten, andere auf vorgegebenen Stufen wirksam werden und ein
geringer Teil von (exogenen) Faktoren nicht zu kontrollieren ist.
Entsprechend dem Anteil der Fix-, Plan- und Störfaktoren werden
die einzelnen → Versuchstypen unterschieden.

Versuchsanlage

Die Versuchsanlage ist wesentlicher Bestandteil des
→ Versuchsplans.
Sie bestimmt die besonders bei → Feldversuchen sehr anschauliche
Zuordnung der Versuchsobjekte zu Teilstücken eines Feldes
(Anlageplan), allgemein die Gruppierung der Versuchsobjekte nach
Behandlungen (vollständig randomisierte Anlage), außerdem nach
Verwandtschaft (Halbgeschwistergruppen), Produktionschargen,
Serien usw. (Blockanlage) oder nach mehreren Behandlungen bzw.
Faktoren (faktorielle Versuche, lateinisches Quadrat, Spaltanlage
usw.).

Versuchsaufbau

engl.: experimental design, study design.
Auswahl der → Versuchstiere und Anordnung der
→ Versuchsgruppen; Verteilung der Tiere auf einzelne Gruppen
eines Versuchs; umfasst aber auch → Testfolge, → Experiment und
den faktoriellen Versuch.

Versuchsauswertung

Die Auswertung von Versuchsergebnissen (Datenmaterial) erfolgt
numerisch als statistische Analyse und durch die fachliche
Interpretation der Ergebnisse.
Die statistische Aufbereitung der Daten aus umfangreichen
Versuchsreihen dient der Reduktion und ist bei vorhandenen
rechentechnischen Möglichkeiten keine Voraussetzung für die
Berechnung der statistischen Maßzahlen.
Die zufallskritische Beurteilung, z. B. der Mittelwertunterschiede,
einer linearen Regression oder des Einflusses von geprüften
Faktoren (Varianz- oder Kontingenztafel-Analyse) wird mit Hilfe von
Schätz- oder Prüfverfahren (Tests) vorgenommen. Voraussetzung
dafür ist die Einhaltung der bei der → Versuchsplanung
vorgegebenen Bedingungen und des Gültigkeitsbereichs des
statistischen Modells. Statistisch signifikante Unterschiede zwischen
den Mittelwerten bzw. Ereignishäufigkeiten, gesicherter Anstieg der
Regressionsgeraden durch die Punktwolke, den Einfluss eines oder

mehrerer Faktoren (Behandlungen) u. ä. sind hinsichtlich ihrer praktischen Relevanz zu beurteilen (und umgekehrt).
Die grafische Darstellung der in Tabellenform zusammengestellten Versuchsergebnisse bzw. Maßzahlen sollte nur bei statistisch gesicherten und praktisch bedeutsamen Unterschieden bzw.
→ Abweichungen oder Abhängigkeiten von Merkmalen erfolgen.

Versuchseinheit

→ Versuchselement; → Versuchsobjekt.
Gegenstand, Individuum oder Objekt als kleinste Einheit eines → Versuchs mit einheitlicher Behandlung, an der die Ermittlung der Beobachtungsdaten erfolgt, z. B. Pflanzen, Tiere oder Teile von ihnen. In → Feldversuchen gelten auch Teilstücke des Ackers als Versuchseinheit. Bei → Tierversuchen oder biologischen Prüfungen können Tiergruppen, Gelege, Erregerkolonien, Zellkulturen usw. die Versuchseinheit sein.

Versuchselement

→ Versuchseinheit

Versuchsgruppen

engl.: experimental groups
Bezeichnung für alle Tiergruppen innerhalb eines Versuchs, d. h. die Negativkontrolle (unbehandelte Tiere), die Positivkontrolle (mit Lösungsmitteln oder durch Scheinoperation behandelte Tiere), der Standard (Gruppe erhält in ihrer Wirkung bekannte, eingeführte Substanz) und die eigentlichen Versuchsgruppen (meistens drei), deren Tiere die Prüfsubstanz (Behandlung) in niedriger, mittlerer bzw. hoher Dosis erhalten.

Versuchsobjekt

→ Versuchseinheit

Versuchsplan

engl.: experimental design
Festlegung eines Plans vor Versuchsbeginn, der Aufschluss gibt über Versuchsziel, benötigte Tierzahl, Unterteilung der Tiere in → Versuchsgruppen, benötigte Mitarbeiterzeit, Verbrauchsmaterial, Raumbedarf, Versuchsdauer, statistische Modelle, Datenerhebung, → Versuchsauswertung und Prüfung der Hypothesen.
Ergebnis der →Versuchsplanung ist ein Versuchsplan mit den Elementen:
1. Formulierung der Versuchsfrage
2. Auswahl der Prüffaktoren und ihrer Stufen
3. Festlegung der konstanten Faktoren
4. Angabe der zu untersuchenden quantitativen und qualitativen Merkmale, die je → Versuchseinheit zu erfassen sind (Beobachtungsdaten), und Registrierung sonstiger Daten zu den konkreten Versuchsbedingungen (exogene Faktoren)

5. → Versuchsanlage (vollständig randomisierte Block-Anlage, lateinische Quadrate, Spaltanlage usw.)
6. Art der Auswertung entsprechend dem statistischen Modell (Mittelwertvergleich, Varianzkomponenten, Regressionsanalyse usw.)
7. Festlegung der Versuchs-, Untersuchungs- und Auswertungskapazität entsprechend dem möglichen Aufwand

Versuchsplanung

engl.: planing for an experiment
Theoretische Vorbereitung von Tierversuchen auf Grund eigener Vorstellungen (Hypothesen), Literaturstudien und gegebenenfalls von Voruntersuchungen. Die Qualität der Versuchsplanung ist mit entscheidend für den Erfolg eines Versuchs.
Aufgabe der Versuchsplanung bei Experimenten und empirischen Untersuchungen ist eine Optimierung, um entweder mit den verfügbaren Mitteln ein Maximum an Informationen zu erzielen oder die gewünschte Information mit minimalem Aufwand zu erhalten. Die gelieferte Information muss ausreichend zuverlässig und repräsentativ sein und zur rechten Zeit zur Verfügung stehen. Eine optimale statistische Versuchsplanung erfolgt auf Grund bestimmter Risikofunktionen bzw. Optimalitätskriterien.
Die statistische Versuchsplanung umfasst die Teilbereiche:
1. Präzisierung der Versuchsfrage (→ Genauigkeit, relative Unterschiede von Mittelwerten, Ereignishäufigkeiten oder Regressionskoeffizienten)
2. Wahl des statistischen Modells (z. B. bei der Regressions-, Kovarianz-, Varianz- oder Kontingenztafel-Analyse)
3. Wahl der speziellen → Versuchsanlage (bei Regressions-, Kovarianz- und Varianzanalyse)
4. Planung des Versuchsumfangs unter Berücksichtigung vorgegebener Risiken 1. und 2. Art und der nachzuweisenden praktisch relevanten Unterschiede bzw. der Genauigkeitsforderungen bei Schätzungen
5. Planung der Verfahren zur Auswertung des Versuchs
Die statistische Versuchsplanung ist untrennbar mit dem Vorgehen bei der statistischen Auswertung der Daten verbunden.

Versuchspräparate

engl.: test preparates
Erst im Stadium der Mittelprüfung und noch nicht im Handel befindliche Präparate; zumeist durch „Code-Bezeichnung" gekennzeichnet.

Versuchstieranlagen

Institutionen zur tierartgerechten, versuchstier- und tierversuchsgerechten Haltung von → Versuchstieren für Zucht, Aufzucht (Vorrats-)Haltung und Versuchsdurchführung. Diese Anlagen unterstehen der Kontrolle der nach dem Tierschutzgesetz zuständigen Behörde (§ 15).

Versuchstiere

engl.: test system animals, laboratory animals; i. e. S. warmblütige Laboratoriumstiere.

1. Tiere, die für biologische, medizinische oder andere wissenschaftliche Zwecke verwendet werden oder werden sollen und in der Regel nur hierfür gezüchtet werden. Dazu gehören alle lebenden Wirbeltiere, jedoch keine Föten und Embryos, alle wirbellosen Tiere einschließlich ihrer frei lebenden und fortpflanzungsfähigen Entwicklungsstadien.
Beispiele:
– Säuger (Maus, Ratte, Katze, Meerschweinchen, Kaninchen, Hund, Schaf, Schwein, Rind, Pferd, Affe usw.),
– Vögel (Geflügel),
– Amphibien (Frosch, Axolotl) und Fische sowie
– Arthropoden (Taufliegen, Wanzen, Schaben, Zecken, Flöhe usw.)
2. Lebende Tiere ab dem Zeitpunkt ihrer Bestimmung für einen Versuch. Der Zeitpunkt ist für Tierversuche im Sinne des Tierschutzgesetzes vorgesehene Wirbeltiere die Geburt (§ 9 TierSchG), bei anderen Tierversuchen der Ankauf der Tiere. Von diesem Zeitpunkt an sind alle Maßnahmen auf ihre Notwendigkeit für den verfolgten Versuchszweck festzulegen.
Konventionelle Versuchstiere (engl.: conventional animals) sind herkömmliche, d. h. nicht in Barriereeinheiten gezüchtete und gehaltene Versuchstiere. Diese sind oft mit Krankheitserregern behaftet und machen dann eine → Versuchsauswertung schwierig bzw. unmöglich.
Parameter zur *Charakterisierung* von Versuchstieren:
– Spezies/Rasse,
– Herkunft/Einstelldatum,
– Geschlecht (kastriert), Gewicht,
– Alter (Geburtsdatum, Rinder-, Equidenpass),
– Anzahl, Leistungsparameter (z. B. Milch-, Legeleistung),
– Identifikation,
– Unterbringung (Haltung, → Aufstallung),
– Fütterung,
– Tränken und
– Gruppeneinteilung/Zuordnung.

Die *Identifikation* kann erfolgen über:
– Farbe, Fellzeichnung (Signalement)
  und andere natürliche Kennzeichen (Pedi-, Kraniogramm) sowie
– Brandzeichen (Heiß- und Kaltbrand),
– Tätowierungen (Ohr-, Körpertätowierungen),
– Hautlochung und -kerben (z. B. an den Ohren von Ferkeln),
– Ohr-, Haut- oder Flügelmarken,
– Fußringe, Halsketten,
– Bänder (Hals-, Bein-, Schwanz-, Flügelband),
– Markierungen mittels Farbe,
– Box-, Stand- oder Käfig-Nummer,
– elektronische Mikrochips (Transponder-Implantate),
– molekulare Verfahren (z. B. DNA-Fingerprinting),
– Hauttransplantation und
– Zehenamputation.

Die *Kennzeichnung* soll:
– schnell, deutlich und eindeutig lesbar,
– dauerhaft,
– unverfälschbar,
– unkompliziert,
– unschädlich (tierschutzgerecht) und
– kostengünstig sein.

Die *farbliche Kennzeichnung* von Versuchstieren kann erfolgen
mittels Tusche, Filzstiften oder -schreibern, Viehzeichenstiften
(Fettstiften), Sprays oder selbst angesetzten Farben (z. B. rote
„Mäusefarbe" aus 1 g Fuchsin in 100 ml 2 %igem Phenol).

Über die in Tierversuchen verwendeten Versuchstiere sind nach
der VO von 1988 Aufzeichnungen und Angaben über die
Tierkennzeichnung zu machen. Die Versuchstiermelde-Verordnung
regelt die Meldung von in Tierversuchen verwendeten Wirbeltieren.

Versuchstierhaltung

Die konventionelle Versuchstierhaltung erfolgt in offenen Systemen;
die Tiere sind allen Pathogenen ausgesetzt und weder
parasitologisch noch mikrobiologisch oder virologisch definiert.
Interkurrente Infektionen und Infektionskrankheiten mit hoher
Letalität sind die Folge.

Versuchstierkunde   Spezielle tierärztliche Wissenschaft von den → Versuchstieren. Sie befasst sich mit allen, auch biomedizinischen Aspekten der Versuchstiere, um die bestmöglichen Voraussetzungen für deren Zucht, Aufzucht und Haltung sowie für die Durchführung von Tierversuchen zu schaffen. Die Versuchstierkunde ist nicht identisch mit dem Begriff einer → Tierversuchskunde (experimentelle Pharmakologie, Toxikologie, Chirurgie), die ihrerseits einen wichtigen Beitrag zur Qualität tierexperimenteller Ergebnisse liefert.

Versuchstierlaboratorien   Räume, die einer biologisch optimalen Haltung von → Versuchstieren und damit einer tierschutzgerechten Haltung der verschiedenen Versuchstierarten vor, während und zum Teil auch nach dem Experiment dienen (z. B. für Zucht, Vorratshaltung, Quarantäne, Versuchsvorbereitung, Versuch). Der Begriff wird auch zur Bezeichnung von Institutionen und Anlagen für die → Versuchstierhaltung und das Tierexperiment verwendet. Versuchstierlaboratorien können unterschiedlichen hygienischen Systemen angehören.

Versuchstiertechnik   Technische Einrichtungen, Maßnahmen und Hilfsmittel zur Unterbringung, Pflege, Zucht, Vorrats- und Experimenthaltung von → Versuchstieren.

Versuchstypen   1. Tastversuche (Vorversuche, Vorerhebungen) mit geringem Umfang zur methodischen Erprobung von Tendenzen oder vorläufigen Schätzwerten für statistische Parameter, die für die Planung umfangreicher Versuche oder Erhebungen benötigt werden.
2. Versuche unter Laborbedingungen (Klimakammer, Phytotron, Zootron, Respirationskammer), speziell die biologische Prüfung
3. Versuche unter experimentellen ökologischen Bedingungen (Gewächshaus, Klimaställe)
4. → Feldversuche unter praxisnahen Bedingungen (auch Pilotanlagen)
5. Betriebsversuche unter Produktionsbedingungen

Versuchsvorhaben   engl.: scientific project
1. Im deutschen Tierschutzgesetz (1986) genannter Begriff (§ 8), der die Genehmigung zur Durchführung von Tierversuchen betrifft.
2. Versuchsvorhaben sind tierexperimentelle Forschungsansätze mit in sich geschlossener Zielsetzung. Sie bestehen in der Regel nicht aus einem Einzelversuch, sondern aus einer zur Klärung einer Fragestellung notwendig erachteten Serie von Versuchen bei gleich bleibendem oder wechselndem Vorgehen, unter Umständen mit Tieren verschiedener Spezies.

Eine Begrenzung des Vorhabens entsteht nicht durch die
angewendeten Methoden bei Eingriffen oder Behandlungen.
Sie ergibt sich lediglich durch die Fragestellung und deren als
Versuchszweck erwarteter Beantwortung. Vorhaben können einen
Problemumfang haben, dessen Bearbeitung mehrere Jahre bedarf.
Genehmigungen können maximal für drei Jahre erteilt werden.
Dauern Versuchsvorhaben länger, so ist rechtzeitig ein Neuantrag zu
stellen. Versuchsvorhaben gelten als abgeschlossen, wenn die zur
Beantwortung der Fragestellung notwendigen Messungen und/oder
Beobachtungen am Tier beendet sind. Mit dem Ende des
Versuchsvorhabens erlischt automatisch die durch die zuständige
Behörde erteilte Genehmigung.

Vertrauensbereich

Aus Stichprobenergebnissen berechneter Schätzwert, der den
unbekannten wahren Wert des zu schätzenden Parameters auf dem
vorgegebenen → Vertrauensniveau einschließt.

Vertrauensgrenze

Untere oder obere Grenze des → Vertrauensbereiches.

Vertrauensniveau

Mindestwert der Wahrscheinlichkeit, der für die Berechnung eines
→ Vertrauensbereiches oder eines statistischen Anteilsbereiches
vorgegeben ist.

Vertriebsleiter

[GMP] Diejenige Person, die nach dem Arzneimittelgesetz
keine spezielle Sachkenntnis zu erbringen hat und den Vertrieb
überwacht, d. h., das Inverkehrbringen der Arzneimittel und ggf. die
Rückrufaktionen bei aufgetretenen → Arzneimittelrisiken. Er prüft
die vertriebsrelevanten Angaben, kontrolliert die Abgabe der
Ärztemuster und die Werbung.

Veterinary Product

[GCP] = Tierarzneimittel (engl.)

VICH

Abkürzung für „International Cooperation on Harmonization of
Technical Requirements for Registration of Veterinary Medicinal
Products"; Veterinary International Conference on Harmonisation
(→ ICH).

Visitation

= Besuch, Besichtigung (engl.)
Bezeichnung für das → Audit zum → Assessment bei der
→ Akkreditierung.

VLPE

Abkürzung für „Vertretung der Leitung der Prüfeinrichtung";
→ LP(E).

VMP	[GMP] Abkürzung für „Validierungsmasterplan"; engl.: Validation Master Plan; Übergeordnetes Dokument, in dem alle Validierungsaktivitäten zusammenfassend geplant werden. Es umfasst: – Validierungspolitik, – Organisation der Validierungsaktivitäten, – Übersicht Gebäude, System, Anlagen und Prozesse, die validiert werden sollen, – Dokumentationsformat für Pläne und Bereiche, – Planung + Zeiteinteilung, – Änderungskontrolle und – Querverweise auf bestehende Dokumente. Dieses Übersichtsdokument soll deutlich (engl.: brief), kurz gefasst (engl.: concise) und präzise (engl.: clear) sein.
Volunteer	= Freiwilliger (engl.), Teilnehmer einer Studie; → Proband, → Healthy Volunteer.
Vorbeugemaßnahme	Vorbeugungsmaßnahme Tätigkeit, ausgeführt zur Beseitigung der Ursachen eines möglichen Fehlers, Mangels oder einer anderen unerwünschten Situation, um deren Vorkommen vorzubeugen.
Vorgabe	Im Voraus festgelegte und verbindliche Information bzw. Daten (→ Festlegung) als Teil einer → Vorschrift, → Anweisung oder → Forderung.
Vorinspektion	Vor der eigentlichen Inspektion stattfindende Inspektion, um Ablauf und Umfang der Inspektion festzulegen. Von Seiten der → Prüfeinrichtung sollten die Leitung und die → QA, eventuell auch die → Prüfleiter, teilnehmen. Insbesondere bei Erstinspektionen sollten sich die Inspektoren hierbei Informationen über Lage, Ausstattung und Organisation der zu kontrollierenden Prüfeinrichtung und gegebenenfalls auch deren Einbindung in ein größeres Gesamtobjekt verschaffen, um sich mit der jeweiligen Situation vertraut zu machen. Eine kurze orientierende → Begehung kann Bestandteil sein.
Vorschrift	Schriftliche und verbindliche Festlegung, erstellt vor und zur Durchführung einer Tätigkeit oder zur Einhaltung von Bedingungen. Diese enthält mindestens die zur Durchführung notwendigen Mittel und Bedingungen sowie die Beschreibung des Ablaufs.

VP   Abkürzung für → Versuchsplan; → Prüfplan.

VPV   Abkürzung für „Vorläufiges Prüfverfahren".

VRC   Abkürzung für → Validation Review Committee;
                           Steuerungsausschuss zur → Validierung.

Vulnerable Subjects   = angreifbare Versuchsteilnehmer (engl.)
                           Personen, die z. B. wegen ihrer berufsbedingten Befangenheit nicht
                           an Studien teilnehmen sollten: Medizinstudenten, Krankenhaus-
                           und Laborpersonal, Mitglieder von pharmazeutischen Unter-
                           nehmen, aber auch Soldaten, Häftlinge, Patienten in lebens-
                           bedrohtem Zustand, Obdachlose, Behinderte und Mitglieder von
                           ethnischen Minderheiten.

W

Wägebereich

Arbeitsbereich der Waage. Gewichtsbereich, in dem Wägungen möglich bzw. erlaubt sind. Die Waage ist bis zum angegebenen Gewichtswert als obere Grenze belastbar.
Bei nicht geeichten Waagen erstreckt sich der Wägebereich von Null bis zur → Höchstlast, bei geeichten Waagen im eichpflichtigen Warenverkehr von der → Mindestlast bis zur Höchstlast.

Wägebetrieb

Die normale Betriebsart des Anzeigegerätes, in dem mit der Waage gewogen wird. Im Gegensatz dazu steht das → Justageprogramm.

Warning Letter

Abkürzung: → WL
Auf Grund des „Freedom of Information Act" werden in den USA bei behördlichen Inspektionen festgestellte GMP-Abweichungen der Öffentlichkeit zugänglich gemacht. Dies erfolgt in sog. „Warning Letters" durch die → FDA. Dabei ist die Meinung der FDA als wegweisend zu betrachten, da sich viele nationale Gesundheitsbehörden an den Qualitätsstandards und Interpretationen der amerikanischen Behörde orientieren.
In der Regel wird eine 30-Tagesfrist zur Stellungnahme und Beantwortung der gestellten Fragen gewährt.
In Fällen ohne Beanstandungen spricht man auch von → Letter of Information.

Warn- und Eingreifgrenzen

Die maximal zulässige → Messabweichung der Prüfung muss eindeutig definiert werden. Auf Grund dieser Definition können Warn- und → Eingreifgrenzen für die regelmäßigen Messungen festgelegt werden.
Die Warngrenze sollte ca. 1/3tel und die Eingreifgrenze ca. 2/3tel der für die Prüfung zulässigen Maximalabweichung betragen.

Beispiel:

Analysenwaage

Wert der kleinsten gewünschten Einwaage	240 mg
Prüfung bei	200 mg
Maximal zulässige Messabweichung	2 mg
Warngrenze	0,7 mg (1/3)
Eingreifgrenze	1,4 mg (2/3)

Wartezeit

engl.: withdrawal period

Die Zeit, die zurückgelegt sein muss, damit keine präparatbedingten Rückstände mehr vorliegen (Wartefrist).

Das heißt, behandelte Tiere, die später dem menschlichen Genuss zugeführt werden sollen, müssen rückstandsfrei (unbedenklich) sein.

In der Definition des Arzneimittelgesetzes, § 4 (12), heißt es dazu: „Zeit, innerhalb der bei bestimmungsgemäßer Anwendung von Arzneimitteln bei Tieren mit Rückständen nach Art und Menge gesundheitlich nicht unbedenklicher Stoffe, insbesondere in solchen Mengen, die festgesetzte Höchstmengen überschreiten, in den Lebensmitteln gerechnet werden muss, die von den behandelten Tieren gewonnen werden, einschließlich einer angemessenen Sicherheitsspanne."

Nach § 15 des Lebensmittel- und Bedarfsgegenständegesetzes dürfen, wenn Stoffe mit pharmakologischer Wirkung, die als Arzneimittel zugelassen oder registriert oder als Zusatzstoffe zu Futtermitteln zugelassen sind, die dem lebenden Tier zugeführt wurden, von dem Tier Lebensmittel gewerbsmäßig nur gewonnen bzw. von dem Tier gewonnene Lebensmittel nur in den Verkehr gebracht werden, wenn die festgesetzten Wartezeiten eingehalten worden sind.

Bei Arzneimitteln, die zur Anwendung bei Tieren bestimmt sind, die der Gewinnung von Lebensmitteln dienen, ist die Wartezeit anzugeben. Ist die Einhaltung einer Wartezeit nicht erforderlich, so ist dies zu vermerken (§ 10 Arzneimittelgesetz). Durch die Festsetzung einer Wartezeit soll verhindert werden, dass gesundheitlich bedenkliche Rückstände in Lebensmitteln tierischer Herkunft vorhanden sind.

Wartung

engl.: maintenance = Instandhaltung, Pflege;
→ Prüfmittelüberwachung.

Maßnahmen und Verfahren, die der Instandhaltung von technischen Einrichtungen und Systemen dienen, vor allem Reinigen, Schmieren, Nachstellen und Austauschen von Verschleißteilen.

In allen Bereichen, bei denen es um eine hohe Verfügbarkeit der
Geräte und Anlagen geht, werden vorbeugende, zustands- und
störungsabhängige *Wartungs-Verfahren* durchgeführt.
Durch *Wartungsverträge* werden externe Fachkräfte damit beauftragt.

Waschzettel

Volkstümliche Bezeichnung für → Packungsbeilage,
Herstellerangaben, Produktinformationen.

Washout Period

= Auswaschphase (engl.)
Zeitraum zwischen zwei Phasen einer → Klinischen Prüfung, in der
präparatbedingte Wirkungen der ersten Behandlung abgebaut
werden sollen.

Wasseraufnahme

engl.: water intake
Die Menge der Wasseraufnahme ist abhängig von der Tierart,
dem Entwicklungsstadium, der Umgebungstemperatur und der
Fütterung.

Weender Analyse

engl.: weender analysis
Verfahren zur Wertbestimmung von Futtermitteln, das bereits 1860
in der „Landwirtschaftlichen Versuchsstation Weende" bei Göttingen
erarbeitet wurde. Mittels derer werden Trockensubstanz, Rohasche,
Rohprotein, Rohfett und die Rohfaser bestimmt.
Organische Substanzen, Rohwasser und stickstofffreie Extraktstoffe
werden aus den entsprechenden Differenzen berechnet.

Well-being
(of the trial subjects)

= Wohlsein (engl.)
Die physische und mentale Integrität der Versuchsteilnehmer einer
→ Klinischen Prüfung.

Werksabnahme

Genehmigung durch den Kunden zur Auslieferung eines bestellten
Objekts vom Hersteller an den Kunden.

Werkskalibrierung

Die meisten Hersteller bieten eine Überprüfung der Geräte im Werk
an.
Die Preise hierfür liegen etwa bei einem Zehntel des Gerätespreises.
Die ausgeführte Prüfung wird in einem → Zertifikat bestätigt. Die
Gültigkeit dieses Werks-Kalibrierscheins wird unter Angabe des
Ausstellungsdatums mit Firmenstempel und Unterschrift bestätigt.
Das Kalibrierungsprotokoll enthält nähere Angaben über die
→ Kalibrierung selbst (Kalibriergerät, Kalibrierdatum,
Messergebnisse, → Messunsicherheiten).

Werksnormal

→ Gebrauchsnormal

White Box-Test

Betrifft die Testaktivitäten bei der Entwicklung des → Quellcodes; werden während der Implementierung eines neuen Codes von den Software-Entwicklern durchgeführt.

Wiederfindungsrate

engl.: absolute recovery
Aussage über die Häufigkeit, in der dasselbe (Mess)Ergebnis eintritt.

Wiederholbarkeit

Wiederholpräzision; engl.: repeatability
Übereinstimmung definierter Merkmale bei wiederholten Messungen an denselben Individuen. Die Wiederholbarkeit ergibt sich aus der Korrelation (Übereinstimmung) zwischen Wiederholungsmessungen an denselben Individuen bzw. aus dem Regressionskoeffizienten der Folgemessung auf die erste Messung an denselben Individuen. Grad der Wiederholbarkeit ist der Wiederholungskoeffizient.
Betrifft auch den Unterschied zweier unabhängiger Messergebnisse gemessen unter Vergleichsbedingungen:
– gleiches Analyseverfahren,
– dieselben Beobachter,
– identische Objekte (gleiche Probe, gleiches Material),
– innerhalb kurzer Zeitabstände,
– dasselbe Messgerät und
– derselbe Ort.

Wiederholungs-Audit

Gewöhnlich alle drei Jahre stattfindende Durchsicht der Änderungen an der QM-Dokumentation des Antragstellers einschließlich → Prüfbericht sowie Vorbereitung und Durchführung eines System-Audits vor Ort über alle QM-Elemente mit abschließendem → Audit-Bericht.

Wiederholungsprüfung

Sie ist bei ortsveränderlichen Geräten (→ Betriebsmitteln) in gewissen Zeitabständen notwendig. Außerdem ist eine Prüfung nach einer Instandsetzung vorgeschrieben.
Die Prüfung erfordert die *Sichtprüfung* auf den ordnungsgemäßen Zustand sowie bei elektrischen Geräten die *Messung* von
– Schutzleiterwiderstand,
– Isolationswiderstand und
– Ableitstrom.

Wiederverwertung

Das vollständige oder teilweise Einbringen früherer → Chargen von der erforderlichen Qualität in eine andere Charge auf einer genau bestimmten Herstellungsstufe.

Wirkstoff	engl.: agent, pharmacon, active substance, ingredient (= Bestandteil) Der Arzneistoff, das Pharmakon; der wirksame Bestandteil ohne Hilfsstoff.
Wirkung, biologische	engl.: biological action Summe aller durch eine definierte Menge eines Stoffes induzierten funktionellen und morphologischen Veränderungen des Ausgangszustandes eines Biosystems. Sie ist die Resultante des Zusammenwirkens der drei Komponenten: Stoff, Dosis, Biosystem.
Wischprobe	engl.: swab sample Mittels Wattebausch usw. entnommene Probe von Oberflächen (Raum-, Isolatorwand, Fußböden, Geräte) zur mikrobiologischen Kontrolle.
Within-patient Differences	= patientenbedingte Unterschiede (engl.) Der Versuch in Crossover-Versuchen, bei Probanden vorkommende unterschiedliche Reaktionen auf die Behandlung zu unterbinden.
WL	Abkürzung für → Warning Letter; FDA-Postaudit Letter.
Worst Case	Belastungsbedingungen, welche ein Prüfobjekt (ein Verfahren, eine Prüfung, ein Betriebsmaterial oder eine Tätigkeit) unter Einhaltung aller relevanten Vorschriften (z. B. → Verfahrensanweisungen oder Prüfvorschriften) an die obere und an die untere Toleranzgrenze heranführen (→ Prozesstoleranz) und mit hoher Wahrscheinlichkeit zu einem Fehlverhalten des Objekts führen können.

Z

Zertifikat

mlat.: certificatum = Beglaubigtes; Bescheinigung, Beglaubigung

Beispiel: → Analysenzertifikat, DIN EN ISO Zertifikat.

Zertifizierte Kopien

engl.: → True Copy; → Rohdaten
Kopien von Rohdaten, deren Übereinstimmungen mit dem Original handschriftlich datiert sind.

Beispiel: entsprechend abgestempelte Kopien von Rohdaten mit folgendem, ausgefülltem Aufdruck:
„Kopie – Stimmt mit dem Original überein
Datum _____
Unterschrift _____ "

Dabei ist jede Seite einzeln abzustempeln.

Zertifizierung

Verfahren, in dem eine maßgebliche Stelle formell anerkennt, dass eine Stelle oder Person kompetent ist, bestimmte Aufgaben zu erfüllen, oder dies betrifft die Summe alle Kalbrierungen eines Instruments.
Die Zertifizierung erfolgt nach Prüfung der → Konformität mit der DIN EN ISO 9000-Normenreihe und bescheinigt die Anwendung eines allgemeinen Systems für das → Qualitätsmanagement in einem Bereich ungeachtet seiner übergeordneten Funktionen. Dabei handelt es sich um ein Gutachten durch einen unparteiischen Dritten.
Bisher beruht die Zertifizierung auf freiwilliger Basis. Noch gibt es diesbezüglich keine gesetzlichen oder standesrechtlichen Regelungen.

Zertifizierungsstelle

Eine Institution, die → Zertifizierungen durchführt.

ZH 1	Richtlinien Herausgegeben von der „Zentralstelle für Unfallverhütung und Arbeitsmedizin beim Hauptverband der gewerblichen Berufsgenossenschaften e. V".
Ziele	Die auf Grundlage der Politik formulierte operative Zielsetzung.
Zieltier	Das sepzifische Tier entsprechend seiner Art, Klassse und Rasse beschrieben, bei dem das zu untersuchende Produkt angewendet werden soll.
Ziffernschritt	Die kleinste Differenz zwischen zwei direkt aufeinander folgenden Gewichtswerten. Der Ziffernwert wird auch als → Teilung oder → d bezeichnet.

Beispiel:
1. Wert: 18,720 kg
2. Wert: 19,740 kg
Ziffernschritt: 20 g

ZLG	Abkürzung für „Zentralstelle der Länder für Gesundheitsschutz bei Medizinprodukten". Zentrale Behörde der Bundesländer, die auf der Basis eines gemeinsamen Abkommens arbeitet, mit Sitz in Bonn. Sie akkrediert → Prüflaboratorien und → Zertifizierungsstellen für → Qualitätssicherungssysteme, nicht energetisch betriebene Medizinprodukte und In-vitro-Diagnostika. Die ZLG hat zum Ziel, den in der BRD erreichten Stand an Qualität und Sicherheit von Medizinprodukten im Rahmen und auf der Grundlage von EU-Richtlinien und des *Medizinproduktegesetzes* zu halten und zu verbessern. Die von ihr ausgesprochenen → Akkreditierungen gelten europaweit. → Begutachtungen werden durch Fachexperten des „Sektorkomitees Medizinische Laboratorien" durchgeführt.
Zonen	Bereiche gleicher Anforderungen hinsichtlichg Hygiene, Sicherheit, → Reinraumklasse oder ähnlichem.
Zonenkonzept	Konzept oder Plan, nach dem die Bereiche gleicher Anforderungen definiert und angeordnet werden.
Zufallsverteilung	engl.: randomization; → Randomisierung.

Zu untersuchendes Produkt

Produkt, das ein oder mehrere wirksame Substanzen enthält, die in einer klinischen Studie beurteilt wird, um schützende, therapeutische, diagnostische oder physiologische Effekte zu untersuchen, nachdem diese verabreicht wurden.

Zuverlässigkeit

engl.: reliability
1. Die Zuverlässigkeit als zeitraumbezogene Betrachtung von Qualität und kann ausgedrückt werden als die Wahrscheinlichkeit, dass eine Einheit unter festgelegten Bedingungen während einer bestimmten Zeitdauer funktionsfähig bleibt.
2. [Technik] Die Fähigkeit einer betrachteten Einheit (z. B. Bauelement, Baugruppe, Gerät, Anlage oder System) innerhalb der vorgegebenen Grenzen den durch den Verwendungszweck bestimmten → Anforderungen zu genügen.
3. Die Zuverlässigkeit ist ein von der Zeit abhängiges Qualitätsmerkmal, ihre wichtigste Kenngrößen sind die → Lebensdauer, → Ausfallabstand (MTBF), → Ausfallrate, → Überlebens- und Ausfallwahrscheinlichkeit. Für technische Produkte wird im Allgemeinen eine hohe Zuverlässigkeit bei vertretbarem wirtschaftlichen Aufwand und unter Berücksichtigung sicherheitsrelevanter Anforderungen angestrebt. Die Wahrscheinlichkeit eines Ausfalls kann z. B. durch Einfügen von *Redundanz* oder bei elektronischen Bauelementen durch ein *Burn* in (künstliche Alterung) verringert werden. Numerische Angaben zur Zuverlässigkeit werden z. B. aus Statistiken, Erfahrungswerten, Vergleichen und Prüfungen gewonnen.
4. Der Begriff „Zuverlässigkeit" wird in modifizierter Weise auch auf Materialien, Prozesse, Verfahren, Methoden und auf Computersoftware angewandt.

Zwischenbericht

Vorab erstellter, noch nicht kompletter Bericht, der nur Teile der Prüfung wiedergibt (*Interim-Bericht*).

Zwischenprodukt

Jeder Stoff (oder jedes Stoffgemisch), der um → Bulkware zu werden, noch eine oder mehrere Verarbeitungsprozesse durchlaufen muss.

Literatur

1. Brockhaus Enzyklopädie (24 Bände); 19. Auflage, F. A. Brockhaus GmbH, Mannheim 1986.
2. DIN 1319 Teil 1, Grundlagen der Messtechnik/Grundbegriffe.
3. Georg Schröter, Eichgesetz und Waage, 3. Auflage, Mettler 1991.
4. M. Kochsiek, Mettler-Toldeo Wägelexikon, Mettler-Toledo 11/93.
5. Mettler Wägefibel, Mettler-Toledo AG, Reifensee/Schweiz 1992.
6. Qualitätssicherung für Messgeräte (Waagen), Mettler-Toledo GmbH, Giessen 1992.
7. Gerd F. Kamiske/Jörg-Peter Brauer, ABC des Qualitätsmanagements, Carl Hanser Verlag, München 1996.
8. Jörg-Peter Brauer/Ernst Ulrich Kühme, DIN EN ISO 9000 – 9004 umsetzen, Carl Hanser Verlag, München 1997.
9. FDA Center for Veterinary Medicine, Good Target Animal Study Practices: Clinical Investigators and monitors BSI, North Little Rock (USA) Mai 1997.
10. FDA Good Laboratory Practice for nonclinical Laboratory Studies BSI, North Little Rock (USA) Dezember 1997.
11. G. A. Christ/S. J. Hartson/H.-W. Hembeck, GLP Handbuch für Praktiker (1. Auflage), GIT Verlag GmbH, Darmstadt 1992.
12. G. A. Christ/S. J. Hartson/H.-W. Hembeck/K.-A. Opfer, GLP Handbuch für Praktiker (2. Auflage), GIT Verlag GmbH, Darmstadt 1998.
13. Kayser/Schlottmann, GLP Gute Laborpraxis (Textsammlung und Einführung), Behr's Verlag GmbH, Hamburg 1991.
14. Herfried Kohl, Qualitäts-Management im Labor (Praxisleitfaden für Industrie, Forschung, Handel und Gewerbe), Springer Verlag, Berlin Heidelberg 1996.
15. Hauptverband der gewerblichen Berufsgenossenschaften, Fachausschuss Chemie, Richtlinien für Laboratorien, (ZH 1/119), Carl Heymanns Verlag KG, Köln 1993.
16. Werner Rosenberg, VDE-Prüfung nach VBG 4, VDE Verlag GmbH, Berlin Offenbach 1999.

17. Joachim A. Schwarz, Klinische Prüfungen von Arzneimitteln und Medizinalprodukten, ECV – Editio Cantor Verlag für Medizin und Naturwissenschaften GmbH, Aulendorf 2000.

18. Jürgen Güttner, Herbert Bruhin, Horst Heinecke, Wörterbuch der Versuchstierkunde, Gustav Fischer Verlag, Stuttgart 1995.

19. Ekkehard Wiesner, Regine Ribbeck, Lexikon der Veterinärmedizin, Enker im Hippokrates Verlag GmbH, Stuttgart 2000.

20. Publikationsfolge „Audit 2000", DGGF-Arbeitsgruppe „GCP-Qualitätssicherung", Pharm Ind **62** Nr. 7, 8, 9 und 10 (2000); Pharm Ind **63**, Nr. 6 (2001).

21. Rudolf F. Bliem, GMP Wörterbuch, Facultas Universitätsverlag, Wien 2001.

22. Helga Blasius, Dietrich Müller-Römer, Jürgen Fischer, Arzneimittel und Recht in Deustchland, Wissenschaftliche Verlagsgesellschaft mbH, Stuttgart 1998.

23. Helga Blasius, Hubertus Cranz, Arzneimittel und Recht in Europa, Wissenschaftliche Verlagsgesellschaft mbH, Stuttgart 1998.

24. Mettler Toledo GmbH, Gute Pipettierpraxis 11/98, MCG Mar Com Greifensee.

25. Klaus Hellmann, Isabel Radeloff, Gute Klinische Praxis VICH Richtlinie (GL9) zur Guten Klinischen Praxis für Tierarzneimittel, Kliforet AG, München FEWESA, Juni 2000.